Guest Check

# 理财瘦身

## THE FINANCIAL DIET

A Total Beginner's Guide
to Getting Good with Money

**用好每一分钱的**
**实用指南**

[美] 切尔西·费根 / 著
(Chelsea Fagan)

[美] 劳伦·维尔·哈格 / 设计
(Lauren Ver Hage)

[美] 伊芙·莫布利 / 插图
(Eve Mobley)

孙峰 / 译

中信出版集团 | 北京

图书在版编目（CIP）数据

理财瘦身：用好每一分钱的实用指南 /（美）切尔茜·费根著；孙峰译 . -- 北京：中信出版社，2019.2

书名原文：The Financial Diet: A Total Beginner's Guide to Getting Good with Money

ISBN 978-7-5217-0005-3

I. ①理… II. ①切… ②孙… III. ①财务管理－指南 Ⅳ . ① TS976.15-62

中国版本图书馆 CIP 数据核字（2019）第 017120 号

The Financial Diet: A Total Beginner's Guide to Getting Good with Money
by Chelsea Fagan and Lauren Ver Hage


理财瘦身——用好每一分钱的实用指南

著　　者：[ 美 ] 切尔茜 · 费根
设 计 者：[ 美 ] 劳伦 · 维尔 · 哈格
译　　者：孙　峰
出版发行：中信出版集团股份有限公司
（北京市朝阳区惠新东街甲 4 号富盛大厦 2 座　邮编　100029）
承 印 者：北京通州皇家印刷厂

开　　本：880mm × 1230mm　1/32　　印　　张：6.5　　字　　数：86 千字
版　　次：2019 年 2 月第 1 版　　印　　次：2019 年 2 月第 1 次印刷
京权图字：01-2018-8252　　广告经营许可证：京朝工商广字第 8087 号
书　　号：ISBN 978-7-5217-0005-3
定　　价：48.00 元

献给马克（Marc）和乔（Joe），
谢谢你们在我们最艰难时刻的鼓励，
以及在我们最美好时刻的陪伴。

# 作者提示

本书仅向希望改善财务生活的读者提供灵感和信息。书中针对典型财务情况的举例和常见问题的解决方案仅用作说明。如果读者需要有关特定法律、财务风险或责任的评估和管理方面的建议，请向专业人士寻求帮助。

# 对本书的赞誉

这是一本实用的个人财务指南，对于那些不懂得如何在 Excel（电子表格软件）中创建公式以及对个人财务情况望而生畏的人来说，这本书浅显易懂。

——“嗡嗡喂”新闻网站（BuzzFeed）

这本书源于两位女性的亲身经历，其中的建议立竿见影，不论你关心什么，你都能从中获益匪浅。终有一天，未来的你会感谢今天的你所做的这个阅读选择。

——Refinery 29（全球时尚潮流网站）

这本书是给毕业生的完美礼物，将帮助他们尽早做出明智的财务决策。

——《简单生活》杂志（*Real Simple*）

这本书以费根的人气博客TFD（The Financial Diet，理财瘦身）为基础，提供了实用且精辟的财务建议，将财务平衡视为成功的关键要素。书中内容简明，汇集专家智慧，从要求读者戒掉牛油果吐司等小处着手，提出了经久不衰的建议。

——《书单》杂志（*Booklist*）

针对如何维持个人预算和积累个人信用等基本操作，这本书给出了清晰简明的建议。费根是一名杂志记者兼资深博主，她的写作基调轻松亲切。在解析投资和退休金计划等棘手问题的过程中，她为读者奉上了一门内容丰富且令人享受的经济学速成课！设计师劳伦·维尔·哈格的精心编排让这本书引人入胜。

——《书页》杂志（*BookPage*）

# 目　录



[1] 注：文中术语已用黄色荧光笔标出。

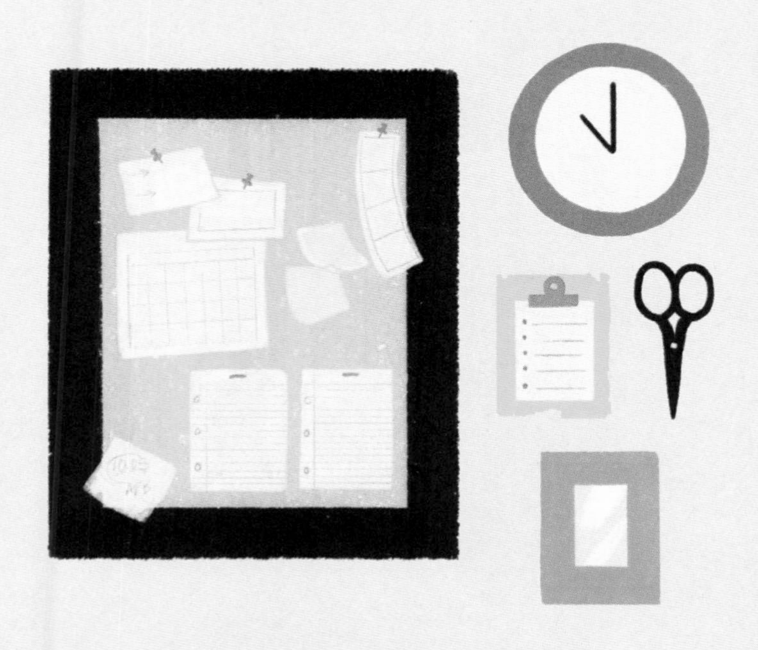

引言

# 如何把钱当回事

省钱并非自我剥削，

它关乎决策，

让你像爱今天的自己一样

爱未来的自己。

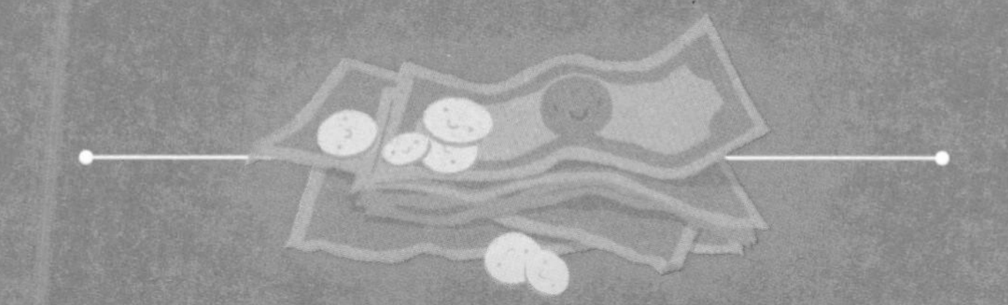

我 17 岁时高中毕业，那时次贷危机还未发生，那是一段不用为钱发愁的惬意时光。银行职员有时会站在他们所在分行的房顶，向路过的行人抛发贷款广告；有时也会进入高中校园，寻找毫无戒心的少年，询问他们是否想要信用卡。回想一下，当你对比入门级信用卡和这些少年所签署的学生贷款的潜在影响时，你也会觉得获得一张 500 美元额度的维萨卡（Visa）更为省心。不过，话说回来，向那些主要“生活技能”都是从《迪格拉斯中学的下一代》[1] 剧集中学来的人发放信用卡还是相当残忍的。我们都想要意外之财，当然我们也必须按时还款。但是那时候我们都还是青少年，对于财务责任毫无概念，却热衷于及时行乐。我也曾是这些青少年中的一员。

18 岁生日那天，我获得了属于自己的信用卡，然而经过一个半月的胡乱消费，我把它刷爆了。当刷卡不再能换来我渴望的“永远 21 岁”（Forever 21）连衣裙时，我就直接把那个“坏家伙”扔进了垃圾桶，对邮箱中日趋紧急的警告单毫不在意。最终，我夏天打工时在储蓄账户里存下的几千美元全泡汤了。你可不能效仿年轻时的我！

[1] 《迪格拉斯中学的下一代》（*Degrassi*）是加拿大电视剧，讲述了迪格拉斯中学 15 名学生克服青春期的各种障碍的故事。——译者注

当2008年金融危机爆发的时候，银行不再提供“免费的午餐”，我的信用卡已经违约（这意味着我的信用评分很糟糕，而且我已经被许多债务催收公司盯住），我搞没了自己所有的存款。当我振作精神，准备进入社区大学的时候，我已经身无分文。但是，我父母郑重其事地说过不会给我提供贷款担保（除非我有优异的成绩，申请到声誉好且学费低的学校，选择容易就业的专业），所以当我从社区大学转出的时候，我去了法国上学，而不是留在美国——在法国，我不需要交学费。

回头想想，我感激他们阻止我签署学生贷款进入学费5万美元一年的理想学校。我在结束学业时，只有几千美元的政府补贴贷款，只要每月少量还款就能将其还清。当然，我没有学位——但幸运的是，在结束法国的学业之前，我就获得了第一份全职工作。不过，鉴于我的起步情况，我认为自己能走到今天，都是因为幸运。

我在年轻愚钝之时就可以做出影响我之后成年生活的重大财务决策，这真是胡说。我都不能为自己的衣橱挑选颜色方案，更别说决定自己未来20年的财务状况了。我今天相对健康的财务状况，主要感谢我父母拒绝为我担保大学贷款，感谢我幸运地找到一份工作，让我早早停止了在教育方面的支出。然而，我最明智的做法是在22岁时用自己的前几笔薪水的大部分还清了违约的维萨卡，并且用较低的金额和催款公司达成和解。我意识到我的问题并不普遍，但我也知道年轻时犯下的财务错误有很多遗留问题，那是迟早要解决的。关于年轻人陷入财务问题的故事并不新鲜，我的同辈中有很多人选择上大学，他们在还没有工作之前就担负着五到六位数的学生贷款。

的确，这个体系对我们不利。我是说，如果像我这样的傻瓜能够逍遥自在，而我那位从高中起就花一半时间取得全A成绩、另一半时间做志愿工作的朋友却陷入严重的债务状况，那么一切都不合理了。这也是为什么我们很容易放弃“学会理财”这个想法。关于个人财务，你了解的信息有限，要么是你的爸爸因为股票问题朝你大喊大叫，要么是一些搞不清状况的文章写什么“千禧一代不买房”（那是因为我们背负着几十亿美元的学生贷款，蠢货！），这些并没有什么用。这种时候，避而不谈通常更为容易。

对我来说，拒绝与“理财”和“财富”相关的一切，就意味着拒绝成为一个可以掌控自己生活的成年人。没错，我自己租了一套公寓，我有工资，甚至还有我父母所说的那些难以搞懂的“福利”，但这些并不意味着我有能力制定预算或者决定如何使用自己现有的钱。“投资”和“IRA”（Individual Retirement Account，个人退休账户）这类词能把我吓破胆，而我在金钱方面唯一能做的事情就是把钱存进活期账户。即使是在那些我自认为突然获得一笔巨款的罕见时候，我也不知道如何“让钱为我工作”。在我20岁出头的时候，我所做的唯一一项实际投资是在神游状态下在百货商店购买了一款意大利高档钱包。我在这几年里，除了活期卡里有几千美元、一居室的公寓里装着宜家家具之外，也没有什么拿得出手的实质性投资。

不过，从理论上讲，我在25岁之前收获了很多：我有一份自己引以为傲的工作，有稳定的恋情和坚固的友谊，而且我年轻时在财务上的轻率基本上已经成为过去。但我渐渐明白，这是在根据我为曾经的自己所设置的低标准来评判自己当前的生活，我盲目地认为“生活没有脱轨”就相当于“消费有度”。于是，我开始用汤博乐[1]一点点记录我的预算并开始自我反思。我把它叫作“理财瘦身”（The Financial Diet，简称 TFD），因为我不想

TFD 的汤博乐初稿

用对待自己身体的方式——晚上吃一整袋墨西哥胡椒薯片，然后第二天早上怀疑自己的脸被人给揍了——来对待我的财务健康。我知道，善于用钱的关键在于收支平衡和深思熟虑的决策。我也知道正如我没有毅力成为那种怀胎八月还参加交叉健身（CrossFit[2]）比赛的女人，我也不会成为精力充沛的资本经营者。不过，在进行“理财瘦身”的过程中，我不仅和金钱建立了坚实的关系，让我惊喜的是，我还变得更加了解自己——希望这也能帮到你，比如“花钱让专业人士帮你处理自己不懂的事情绝对物有所值，否则你只能在最后关头骑虎难下”，还有“不要害怕 Excel，因为它是你的朋友”。现在我可以自信地说，相比以前，我在理财方面——以及好好生活方面——更加自如睿智。

[1] 汤博乐（Tumblr）是一种介于传统博客和微博之间的新媒体形态。——编者注

[2] CrossFit 是一套源于美国的健身体系，以获得特定的运动能力为目标。——编者注

我从创建 TFD 的过程中学到的最为重要的一课是与优秀的人为伍的重要性，在个人方面和财务方面都是如此。我们在网站中一直谈论好的理财社区的重要性以及朋友、爱人和专家在财务方面对你的帮助。当我创建 TFD 的时候，我的合伙人劳伦·维尔·哈格（Lauren Ver Hage，你现在读的这本书就是由她设计的！）在第三天就加入了我的团队，现在我们是一个由 5 位女性组成的小团队，每年发布来自全球上百位女性（偶尔也有男性！）的文章。我们不断征询专家的建议和反馈，而且汇集了 20 余位最受欢迎的理财专家（以及最受欢迎的普通人）来完成这本书。我们（或者我们的专家）的观点并非完全吻合，你会发现本书对于不同的需求和目的提供了形形色色的不同建议，但关键是我们都愿意敞开心扉，进行对话。我们提出问题，相互之间坦诚相对并且分享我们学到的惨痛的教训。如果没有劳伦和我们的团队，我永远都不可能创建 TFD；同样地，如果你孤军奋战，你也永远不能与钱交好。关键是你要和能够让你变得更好的人为伍。

明智地理财并不仅仅在于你在银行里存了多少钱，而是和你每天放到衣橱里的衣服以及放到厨房里的食物（是实实在在的烹饪，而不是点外卖）有关。学会如何组装一个书架或者挑选一件可以穿好几个冬天的夹克，类似这样的基本技能在财务上给予我的帮助比每两周涨一次薪水还要大。我们今天的生活方式决定着我们明天生活的点点滴滴，有句话是老生常谈，但对我来说仍然是痛彻心扉的领悟：省 1 美元就等于赚 1 美元。

我原以为我在 18 岁时已经自毁信用，因此自己注定在 20 多岁的时候停滞不前。不过，现在我可以骄傲地说，我的信用评分已经接近“良好”，而且我并没有为此煞费苦心。我现在已经可以为自己制定预算，并且我已经开始攒钱了。我知道了哪些事情是自己力所能及的，也清楚自己何时需要寻求帮助（比如在税收方面）。作为一个财务起点并不完美的千禧一代，我已经知道如何进行自我管理并且收到了惊人的效果。

如果你也想变得更善于理财——我猜你想这样，因为你买了这本书——那么我保证，解决办法比你想象的简单。首先，你要清楚你当前的状况，诚实面对你需要改进的地方，并开始从你力所能及的最小地方采取行动，做出改变。高瞻远瞩（拥有持续几年甚至几十年的长远目标）当然很好，但掌控生活的唯一途径是从小事做起。你的起步可以是简单地开始阅读这本书，为此，先祝贺你，你正在朝着你的目标行进！

我从小事做起的方式是和人谈钱。这就要问问题，别怕丢人（在钱这一方面，我确实很蠢）。我开始在吃便餐的时候和朋友聊起储蓄、工资和401（k）计划[1]的话题，让我惊讶的是每个人都对此很感兴趣。一旦打破隔阂，谈论财务问题就不再是禁忌，每个人都会讲述自己的故事。人人都想了解他们一直纠结的问题或者在关键的财务决策上听取他人的意见。

当我们在进行这些谈话的时候，我很快发现许多人（包括曾经的我）并不真正清楚投资是什么。我的意思是，我看过《华尔街之

[1] 401（k）计划：美国的一种特殊的退休储蓄计划，由雇主和雇员共同缴费而建立，由于可以享受税收优惠而深受欢迎；相当于中国的企业年金计划。——译者注

# 千禧一代和理财

首次拥有个人房产者目前

**占所有购房者的 32%**

相比 40% 的历史平均水平，这是 1987 年以来的最低水平。

——钱包迷[1]（Nerd Wallet）

20 多岁的年轻人平均负债

**45 000 美元**

——商业内幕[2]（Business Insider）

仅有不到

**50%**

的千禧一代在为退休攒钱。

——30 岁以前如何理财[3]（Money Under 30）

**如今，18~34 岁的青年中大约有 1/3 的人**

和父母同住。自 1880 年以来，该年龄群体与父母挤在一处的比例首次超过其他居住方式（比如独居、与室友合住、和配偶或伴侣住在一起）。

——《华盛顿邮报》（*Washington Post*）

[1] 钱包迷：美国比价网站。——译者注

[2] 商业内幕：美国知名的科技博客、数字媒体创业公司、在线新闻平台。——译者注

[3] 30 岁以前如何理财：一个提供免费理财建议的网站。——译者注

狼》（*The Wolf of Wall Street*），但我能就此给出股票或者债券的有效定义吗？我知道 IRA 代表的是个人退休账户吗？除了“在不良的理财选择对我产生严重影响之前死去”，我还有其他的退休计划吗？答案当然是否定的。我不认为自己会拥有房产或者进行投资。这种想法起初让我感觉自己是个彻头彻尾的失败者，但是在和朋友谈论钱的过程中，我很快发现自己只是处于平均水平。我的同辈中有多少人没有债务，或者有多少人买了房产，又或者有多少人建立了“产业”？说来有趣，并没有很多。相关数据也说明了这一点。

在和人们谈论理财的过程中（开始关注理财之后，我会随时随地和人们谈起钱），我发现几乎我所认识的每个人都显然可以在至少一件事情上做出改变。比如，有些人可以“不再为了自我感觉良好而每天两次购买 10 美元一瓶的时尚有机果汁”，但其他人的情况并没有这么显而易见。一位朋友告诉我她总是在工资到账后自动转存，这样她就永远不会“见到”那笔钱。那时我才意识到，看到自己账户中的初始金额会让我们不愿意转存。曾经一位朋友向我坦言她负债累累，如果在之后的一个月内找不到几千美元，她就得搬离纽约，和父母住在一起。但是你要知道，这个朋友经常和我一起出去喝咖啡、买饮品、聚餐以及参加一些消费不菲的社交活动。我当然大吃一惊，但更让我感到失望的是，她认为自己不能告诉别人，直到情况变得如此糟糕。有些顽固保守的“理财专家”可能有一百万条建议帮她避免发生这种情况——首先就是戒掉每天到星巴克的消费，但是覆水难收，批评她也无济于事。我意识到她没有告诉任何人可能是因为害怕被人说三道四。

对此我不做评判，但她的情况让我开始思索我们的日常生活方式，尤其是城市生活中根深蒂固的社会消费压力。对她来说，不再沉湎于那些让她的储蓄账户只剩 30 美元的消费极其困难。但是我向你承诺，当涉及财务问题时，你的生活中至少有一件事情可以立刻（轻易地）得到改善。

我们所生活的环境鼓励无节制消费、超需求积累，把养老金储蓄的问题一直拖延到……我们差不多快退休的时候。环顾四周，满眼都是可以让我们自我麻痹的东西，我们很容易把财务责任看作反社会的白痴才会考虑的问题。但是，在运营和维护 TFD 的日常中，我发现成为那种“善于用钱”的人所需要的具体步骤相当简单和直接——TFD 成立 3 年来，我们发现了在一年内学会理财的基本要点，而且自己也在坚持这么做。

# 如何在一年内玩转理财

## #1. 制定预算

如果不做预算，你就不可能掌控自己的钱，也不可能根据自己的需求对其进行支配。把你最近几个月的银行卡对账单找出来，看看你的钱具体花到了什么地方，并对所有的花销进行分类。

## #2. 设立应急基金

我们建议你将 3 个月的生活费存到一个存取方便的常用账户中。你可以将其增加到 6 个月的生活费，但至少在一开始，3 个月是“可行”和“保障安全感”之间的最佳平衡。这项应急基金（以及在无负债的情况下，活期账户中另有大约 1 000 美元用于日常花销）应该是你在常用银行账户中存入的唯一钱款。其余的存款应当用在更长远和更有价值的事情上，比如养老（稍后详述）。

## #3. 进行信用卡检查

梳理过去 3 个月的账单和购物情况，确保你没有使用超过 30% 的信用额度（否则会影响你的信用评分），并且尽量提升限额（如果你信任自己），扩大“能用”和“所用”之间的差距——你需要尽量增加未使用的信用额度。确定你现有的奖励机制（旅行、现金返还等）是否最为合算，而且你是否发挥了它的最大作用。最后，设置每月偿还信用卡账单，然后设置每月从活期账户向信用卡进行自动全部还款——这能保证你所花的钱能够得到最大的回报。

## #4. 尽量自动操作

银行卡支付、账单支付以及存款转账都应该自动通过你的活期账户完成。这样，你就能远离不愿省钱的诱惑，也不会因为忘记某次还款而影响信用评分。

## #5. 了解（并积累）你的信用评分

通过免费在线服务（如CreditKarma[1]）查询你的信用评分——这类服务网站还会告诉你如何增加信用评分。每年至少两次查询评分——一定要使用软查询，而不用硬查询，后者用于获取某项审批。为自己设置挑战，看看你能够达到（并保持）的评分高度。

## #6. 为养老做规划

制订一个养老金储蓄的基本方案。这或许听起来有些困难，但如果你所在的单位提供养老金账户，你可以和人事经理安排一次会面，仔细分析一下你的选择。起初，根据需求开设至少一个养老金账户（共有7种满足不同需求的养老金账户）。在设立了应急基金（3~6个月的生活费）之后，养老基金就是你配置存款的首选去向。

[1] CreditKarma：美国线上信用评分查询公司，基于互联网，向美国消费者提供信用和财务管理服务。——译者注

## #7. 进行职业检查

利用 Glassdoor[1] 之类的网站和同行业的其他人进行工资比较。认真、严肃地考虑你的工作成就感和表现（你是否开心？你的工作是否具有特殊性？你当前的工作岗位和公司是否有发展空间？）。对你能够提升的方面进行头脑风暴并反思自己的工作方式——从个人任务的执行到一般的职业发展。为自己的职业生涯设定 1 年、5 年和 10 年目标，并写下来。

## #8. 增加至少一种额外收入来源

你可以通过很多种兼职和临时工作来补充收入、保障储蓄、磨炼新技能，甚至实现职业过渡。即便只是每个月在兼职上投入几个小时，它所带来的额外收入也会细水长流，产生巨大的影响。不论是做保姆，在家里通过 Skype[2] 辅导英语，还是做其他兼职，至少要从事一项副业。

## #9. 自我奖励

在不同方面（比如储蓄、职业发展或者个人发展）为自己设立小目标，并在达到目标后奖励自己。不论是一次按摩、一杯鸡尾酒、一次度假，还是一顿精美晚餐，你要为你所取得的阶段性成果尽情犒劳自己——这将让你在做该做的事情时更有掌控感、更加自觉，甚至享受其中。

---

[1] Glassdoor 是一家美国在线求职招聘网站，员工和前雇员可以对公司进行点评。——译者注

[2] Skype 是一款全球免费的即时通信软件。——编者注

这些是我们在运营 TFD 的过程中总结出的基本步骤。在之后的章节中我还会对每个步骤进行详细论述，但是我保证，花时间思考这些步骤可以让你掌握正确的技能（并且锻炼你延迟满足的能力），让未来的你过得更加轻松。

我曾经毫不在意催款单，如今却定期和会计见面。我从个人经验中得知，我对自己财务生活的掌控力越强，我就越能清楚地意识到我并不等同于我犯的错误——你也一样。关注理财看起来并不有趣，但它终究是让你摆脱年轻时候的混沌生活的最佳选择。这种感觉就像是重新驾驭从雪山上疾驰而下的雪橇。

我们希望赋予你做出选择的力量，让你在经营生活的过程中主动规划、深思熟虑，在遇到财务问题时能够自如应付。我们不愿看到你因为待业两月而落魄不堪，或者在一段不健康的关系中寸步难行，只因那是你负担房租的唯一方式。我们希望你有能力决定自己是否以及何时组建家庭、出去旅行、开始创业，并且能够在财务上保证这些计划的实施。

为了帮助你开始执行理财计划，开启你所期待的生活，我汇集了各行各业的专家，包括职业生涯规划大师、大厨、银行家以及造型师。我们会将所有让你望而生畏的投资术语和策略分解开来，甚至会讨论你所需要的住房抵押贷款知识，让买房不再成为你的人生任务清单上最难啃的骨头。

谁都不应该放弃年轻时的激情和随性，但是我们应该更加谨慎地对待青春，这样，当我们想要安定下来的时候，乐趣才不会戛然而止。因为终有一天，你要么会后悔自己当初没有明智地工作、生活、省钱，要么会庆幸自己在年轻时有先见之明。

# 第1章

# 预　算

## 如何充分利用已有财产

花钱时不做预算，

就好比喝香槟时

没有酒杯。

我一直对“预算”这个词过敏。我在很长时间内都处于一种相对混乱的财务状态中，只要不再陷入焦虑和冲动的循环中我就会心满意足。把“预算”这种呆板且具有约束性的事项纳入我每月的财务生活中，让我有种受刑的感觉。我只是对自己的小成就感觉良好，觉得活期账户里总有“东西”就已经够好了。

当然，那种“东西”千差万别，而且它永远没有上升为应急基金，也没有被迁移到实际的储蓄账户中——因为我没有储蓄账户。我只是认为，如果活期账户中总留有超过 1 000 美元，那就说明我并不需要做预算。此外，从事自由职业偶尔会带来常规工资之外的大量资金，所以我认为“真正的”储蓄源于意料之外的大量收入。我认为知足常乐，只要信用卡没有违约或者没有债主骚扰，我就可以永远不考虑像做预算这样无聊乏味的事情。

我不想屈服于特定的条条框框——或者迫于无奈接受某些规则，那样更惨。关于成年人最不好的一点就是我们几乎可以随心所欲。你可以在晚餐时吃麦香鸡块、喝香槟，但你要知道第二天你会觉得自己像一个由酒精和钠填充而成的放屁坐垫。哎，成年人！我觉得做预算暗示着对个人生活方式的自我限制，这听起来很失败（而且无聊）。要我放弃那仅存的彼得·潘[1]式的生活方式并不容易，但这绝对有必要。

那么，做预算吧。我刚开始做预算时用的是应用软件，因为我觉得将数字手动输入表单的过程特别像我在十一年级暑期学校时参加数学补习班（而且我还没及格！）。我下载了一个名为“造币厂”（Mint）的程序，它几乎记录了我所有的消费习惯和不同的账户信息，并将它们综合到一起，从而让我知道自己一个月在外吃饭就花掉几千美元，在奥特莱斯疯狂购物时花掉170美元，事后却想不起买了什么。清楚看到自己的冲动消费和坏习惯，让我自惭形秽，但也为我敲响了警钟，因为我的第一份预算显示我可以舒服地退休了——如果我在一周之内告别人世的话。

不论你拥有稳定的月收入，还是在收入有些波动的行业里工作，你都要记住一系列“千万不敢”做的事情，以便你轻松地开始做预算，并在着手个人预算的细节之前保持一切正常。当我放弃朝九晚五的常规工作，开始专职运营TFD时，这就意味着我的收入惨淡或者难以预测。我不能拥有正常的“预算”，而以下这些规则确保我在创业初期的那些艰难岁月中没有重拾以前的坏习惯。

[1] 彼得·潘：西方小说中的人物，是一个不肯长大的小男孩，象征着永恒的童年和永无止境的探险精神。——编者注

# 切尔茜的“千万不敢”

1

**千万不敢自不量力，不在当月还清欠款**

关于预算的最重要且最基本的原则是——无论数目多大或者你的收入多么稳定——它都要在你的能力范围内，你要能够在每月底还清欠款。信用卡应该为你所用（建立信用，获得里程数、积分或者现金返还，在购买某件东西时拥有更大的弹性），但只有你把它们看作一种升级版的借记卡时，这些作用才能体现出来。当你开始花费你在月底无法还清的钱时（即便你认为自己有能力偿还），你也就走向了自我毁灭。

2

**千万不敢自我沉醉于“CEO 般的生活”**

这听起来可能有点蠢，但是当我终于接受了自己是 CEO（首席执行官）的事实时，我很难不会膨胀地想：“尽管我不应该买，但我值得拥有这件昂贵的东西，因为我工作努力，看看我现在的成就吧！”有一次，我差点给自己买了 150 美元一次的面部按摩，因为我觉得 CEO 不应该有痘印。好吧，你猜怎么着？我是个 CEO，我就是有痘印！那些我们自认为需要的东西——美甲、每天一杯冰咖啡、新鞋、昂贵的鸡尾酒——实际上并非总是有必要。不论你心里的 CEO 是什么样的，不论你认为自己需要通过消费变成什么样的人，你都要克制自己。你可以经常提醒自己，不能因为觉得自己值得拥有某种生活，就进行奢侈性消费。这种意识也是我的一次重大进步。

## 3

### 千万不敢对自己的账户余额视而不见，每周至少要查看两次账户余额

一些坏习惯常常让我陷入冲动消费的循环中，其中之一就是我永远不看自己的账户余额。每次刷卡的时候，我基本上都闭着眼睛祈祷，假装只要刷卡成功，就万事大吉。不用直面消费习惯的细节，不清楚个人财务错误背后的模式，这让我没那么内疚，感觉就像是吃一整块蛋糕却完全无视它的营养成分，因为你不必知道自己吃一块甜点就增加了一整天可用的热量。你得强迫自己直面个人消费习惯中的现实构成——不论你在第一次看到自己的交易历史时觉得它们有多糟糕，否则你不可能完成自己的理财瘦身计划。

## 4

### 千万不敢认为储蓄会奇迹般地发生

我一度认为在未来的某个时候自己就会开始攒钱，比如当我获得一笔工资收入时，或者当我到了某个“有责任心的”神奇年纪时。我把当前的自己和未来的自己想象为两个人，因而总是高高兴兴地把攒钱的责任推给未来的切尔茜，她会握有大笔现金并突然积极地开始准备应急基金。不过，这也太荒唐了，因为只有一个切尔茜，她需要立即开始攒钱。

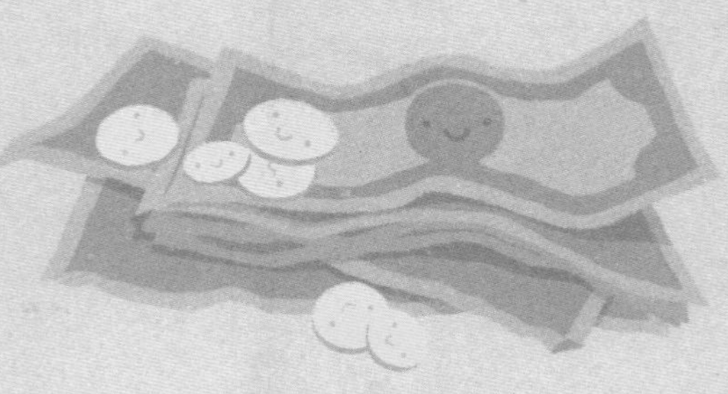

## 银行账户金字塔

**顶层**
活期账户——
留 1 000 美元用于日常花销

**中间层**
基本储蓄账户
——设置应急基金，
保证随时可取

**倒数第二层**

半流动性储蓄账户
——各类定期存款，
用于未来购置房产或
者其他中期储蓄

**底层**

长期投资

如果你的起点是一团糟（在某种程度上，我们都是如此），你就需要从蹒跚学步开始逐渐成为理财行家。这没什么丢人的。而且，制定良好预算的精髓在于严格要求自己，即便你在开始时已经懂得了一些基本的财务责任。这意味着你要坦然面对自己的缺点，比如你在哪些方面本可以省更多的钱，如何能够赚更多的钱，以及你可能会为哪些事情自欺欺人。即便它只是每天在上班路上买一杯咖啡（这是个人理财博客界的终极罪恶），你也可以用相对容易的方式减少罪行。你仅仅需要借助一副眼镜和一把镊子（当然这只是打比方），仔细剖析账单，下定决心直面惨痛的现实。正是通过这种操作，我才能够创建“千万不敢”清单，从此开始做预算。

但是，一旦你总结出自己“千万不敢”做的事情，并理解了预算背后的潜在原则，你就应该草拟一份基本预算，将你的现有财产最大限度地调用起来。并非所有人都要拥有相同的目标或选择，但每个人都可以用程序来跟踪自己的花销，设置合理目标并积极予以践行。我个人偏爱使用手机 App（应用程序）来管理预算，因为 Excel 让我抓狂［我使用“造币厂”，当然“你得做预算”（You Need A Budget）也是个不错的 App］。不过每个人都应该至少手动做一次预算。用手输入数字有神奇的效果，你可以意识到自己把钱花在了哪里（这很像是针对一个月做一

下载资源 

# 劳伦的预算追踪器

**步骤 1**：跟踪所有的收入来源。这些数字应该反映你的税后收入。在底部添加一个“合计”单元格，这样你就可以看到当月的总计收入。

**步骤 2**：计算你当月的所有支出，包括房租、生活用品开支、水电费、狗粮开支、电话费、购物开支。你可以参考信用卡和借记卡账单，并查看收据。在底部添加“合计”单元格，以便理清支出情况。

**步骤 3**：追踪你所有的自动储蓄。备注你分配到应急基金、养老金储蓄的比例。这些比例因人而异，取决于个人目标和对养老金储蓄的“野心”（如果你在这些门类上还未有所积累，你应该开始行动——并在之后加大投入）。在底部添加“合计”单元格。

**步骤 4**：计算预算中剩余的钱，这决定了你当月的财务灵活度。

访问 TheFinancialDiet.com/BookResources 进行下载

份纯现金“食谱”）。幸运的是，我们有劳伦这位用 Excel 做预算的高手，她分享了她的常用模板。

虽然这个方法简单且并非十全十美——没有哪种预算策略是放之四海而皆准的——但是它给你提供了一个良好的起点，更重要的是，它迫使你通过手动记录来面对你的习惯和缺点。我们建议你至少对 3 个月的花销手动做预算。在列出了所有清单之后，看看你的钱花在了哪里。你在房租、食物、购物上的支出分别是多少？你能否减少借款，缩减利息方面的支出？更重要的是，你每个月能存多少钱？

50/30/20 系统是拆分任何一个健康的预算的常用方案：将 50% 的收入用于固定花销，比如房租、电话费和水电费；将 30% 的收入用于可变的 / 基于生活方式的花销，比如生活用品、外出和旅行；将 20% 的收入用于储蓄，包括长期和短期的储蓄。其他的分类可能稍有差异，但将 20% 的收入用于储蓄是几乎每个人都应该设定的目标。

看看你过去几个月的预算，如果房租用掉了你一半的收入或者你几乎没有储蓄，你就要重新评估你的生活方式并做出调整。我们建议你每年至少按这种方式更新一次预算内容。

事实上，对于储蓄，许多人都没能投入足够的时间和精力，因为我们已经被学生贷款这样的事情搞得焦头烂额。攒下收入的 1/5 或许并不现实，但是相比于近乎为零的储蓄，从事兼职几乎总是更可取的。每个人都需要管理预算，即便是在还清债务之前，也要将基本储蓄和安全放在首要位置。关于应急基金，没有任何商量的余地，即便欠了100万美元你也要有应急基金（生活中没有应急基金就像是开车不系安全带一样不靠谱）。

不论你打算如何分配储蓄、还贷和投资，你都要从长计议，确保你能从预算的每一块钱中获得绝对的最大收益（当然是在你储存了应急基金之后）。一个以长期为导向的良好预算是保证生活弹性的基础。相信我，做预算要比不做预算好多了，因为这两种生活我都经历过。

在TFD，我们相信预算可以是美好的，而且应该是美好的。你需要掌握一种追踪每月消费的办法，让你愿意坚持并感到满足。一个漂亮的笔记本会让你愿意在会议中记笔记，而在预算中添加一些美学元素也会让你更有兴致。我们坚信良好的预算应该和每日计划、日历和任务清单一起，被挂到墙上或者桌面上方。金钱不应该被隐匿起来，它应该是你每天都能看到的东西，被用来提醒你的实际需求并展示你的进步。

“如果你的起点是一团糟（在某种程度上，我们都是如此），你就需要从蹒跚学步开始逐渐成为理财行家。”

我们在刚开始专职做 TFD 的时候就发现，每个理财专家都有不同的观点，在日常预算方面更是如此。有些人是彻头彻尾的还债者，有些人看重投资；有些人信奉极简的生活方式，有些人炫耀副业上的成就而不是削减生活支出。当面临市场中层出不穷的理财观点时，我们很难说哪个观点适合你。其中涉及许多因素（包括你有多少债务、你在外用餐的频率等），但是对于我们所能坚持的事情，我们应该都能保持坦诚，并且承认没有哪一个方案可以满足所有人的需求。我们认为在财务上保持理智的唯一办法就是建立适合自己的策略组合，除非你打算彻底改变个人消费习惯（有许多个人理财计划类似于金钱上的“交叉健身”）。

在我们所关注的理财专家中，有三位已经成为我们的朋友，并成为 TFD 的合作者，他们在个人理财和平衡资产方面传授给我们许多经验。我们询问了他们在做个人预算、理财以及实现个人财务和谐方面所用的策略。

## 凯特 · 弗兰德斯
Cait Flanders

**《预算和美分》(*Budgets & Cents*)**

**播客的创始人和搭档主持**

---

问：你所遵循的三个最重要的理财策略是什么？

1. 每次购物之前都三思而行。每当我想冲动消费的时候，我都会停下来问自己几个问题。第一，是什么触发了我的购物欲？第二，我所处的环境是怎样的？第三，我的内心是怎么想的？如果答案是我想说服自己买些不需要的东西，我就会放手离开。
2. 尽量减少日常开支，把剩余的钱存起来。我曾经采用大多数个人理财专家所提倡的标准建议，即先把收入的一定比例存起来，然后自由支配剩余金额。但是这么做的问题在于你会花掉大量你本可以节省下来的钱。现在，我每月给自己留出的预算都一样（比较少），然后把所有余下的钱都存起来。这样，我的花销不会波动，但是我的储蓄潜能巨大。
3. 相信你的直觉。我知道这条理财建议有些奇葩，但听我说完。根据我的经验，每次我为自己负担不起的东西刷卡消费时，我的身体都会提醒我。我的脑袋和心脏之间的某处总会隐隐有一个声音说“你在给自己增添债务”，但我不予理睬。一次又一次地无视我的直觉最终让我透支了将近 3 万美元。现在，如果我的直觉让我少花点、多省点，我会乖乖听话。

问：你能否给我们看看你一周预算的样本？

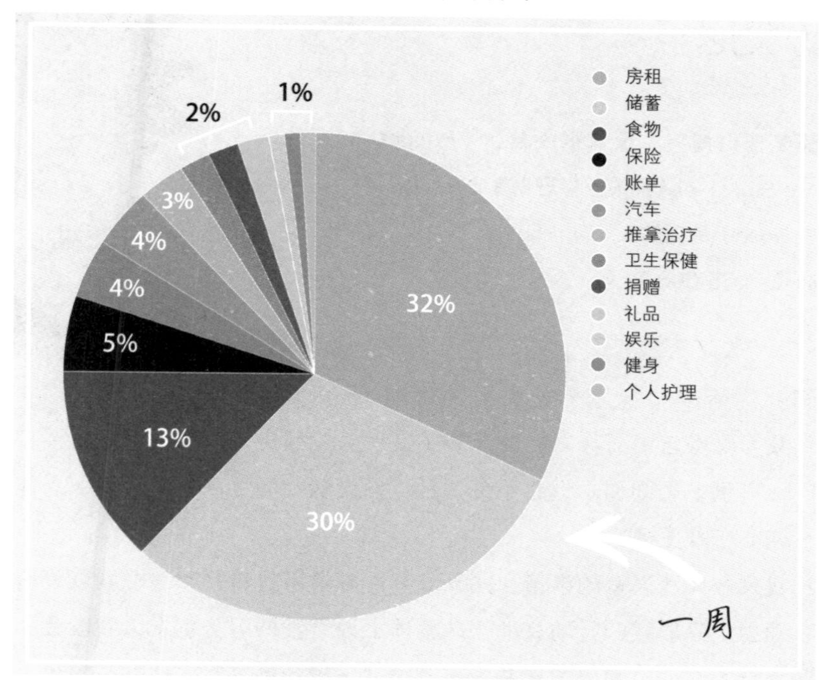


图 1–1　凯特·弗兰德斯的一周预算样本

我可能每年买两次衣服，总共花费不会超过几百美元。

"根据我的经验，每次我为自己负担不起的东西刷卡消费时，我的身体都会提醒我。我的脑袋和心脏之间的某处总会隐隐有一个声音说'你在给自己增添债务'，但我不予理睬。"

## J. 莫尼

J. Money

**获奖理财博客《预算很性感》（*Budgets Are Sexy*）和《摇滚巨星理财》（*Rockstar Finance*）的创始人**

净资产 65 000 美元

---

问：你所遵循的三个最重要的理财策略是什么？

1. 我为财务自由而努力，而非为了富有。金钱是好东西，但一定要持之有度，否则你永远也不会知足，你说呢？而且，有什么比每天能随心所欲更棒呢？
2. 我只做让我兴奋的事情。如果对某件事情不是特别热衷，我就没有动力。只要我的行动有助于从整体上改善我的财务状况，我就会为之努力，即便我的做法并没有遵循“正确的顺序”，比如在投资之前还清债务。我也不怕改变想法或者更换路线，因为生活中没有什么是一成不变的！
3. 我每年都会给我的 SEP IRA[1]（我是个体经营者）和 Roth IRA[2] 缴纳最高额度的费用（IRA 是非雇主支持的退休金账户——你要自己缴纳）。这并不是最简单的办法，但坚持一段时间之后，你有可能成为百万富翁。这其实就是利用了理财中最为强大的因素——时间！

---

[1] SEP IRA：简易雇员退休金计划是美国个人退休金账户的一种。——编者注

[2] Roth IRA：罗斯个人退休金账户是美国法律下的一种退休金计划，只要符合特定条件，则一般不计税。——编者注

问：你能否给我们看看你一周预算的样本？

当然，这是我每周的大概花销：

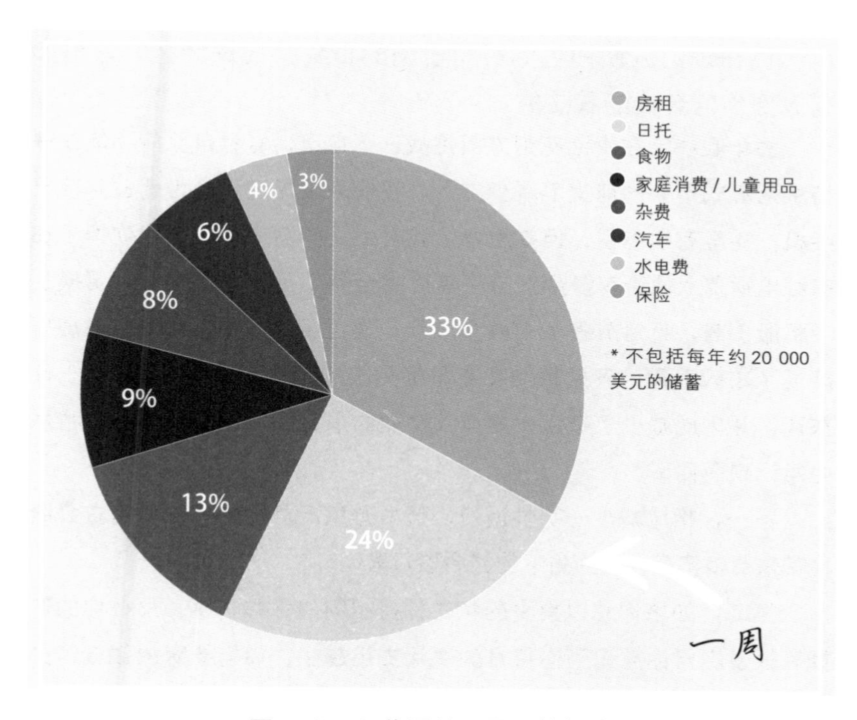


图 1–2　J. 莫尼的一周预算样本

问：你能谈谈追踪净资产的价值，以及它在你的生活中的作用吗？

可以说，追踪净资产是我在理财过程中做过的最好的事情之一。我用一张表单记录自己的所有资产（储蓄、投资、汽车）和债务（车贷），二者相减就是我的净资产。如果你不清楚自己的财务分配（储蓄、投资、债务！），你就很难了解到自己的进步，所以每月花 5 分钟检查自己的财务状况会给你带来奇迹，这对整体情况的影响太大了。仅此一个举动就能完全改变你今后看待个人财务和生活的态度。

### 问：你在理财方面做过的最有价值的自我挑战是什么？它是如何改变你对金钱的看法的？

去年我决定在生活花销方面挑战一下自己，看看自己能不能在保持生活方式不变的前提下减少支出。我从来没想过我会为此放弃苹果手机，甚至有线电视，但在思考了我对生活的需求之后，我砍掉了在有线电视费上的所有多余支出（最终完全禁用了有线电视），更换了手机服务商，每月节省了 100 多美元，通过更改免赔额和禁用附加项降低了车险费用，开始每周在克雷格列表（Craigslist[1]）上卖掉一件东西，并因此减少了杂乱，更加清楚我的消费领域和消费原因。我从中意识到两件事。

第一，相比减少一次性消费，努力避免反复发生的账单消费会给你带来更多实惠，因为省下的钱会按月累积。

第二，如果你想以更少的花费保持相同的幸福水平，那么你的选择有很多。当你意识到你每月的生活支出越少，你需要赚的钱就越少时，你的生活观念就会发生改变。而且，随着时间的推移和技术的发展，这一切正变得越来越容易。

---

[1] Craigslist 是美国的大型免费分类广告网站。——译者注

“金钱是好东西，但一定要持之有度，否则你永远也不会知足。”

# 布里奇特·凯西
Bridget Casey

**金融 MBA（工商管理硕士）、获奖企业家**

问：你所遵循的三个最重要的理财策略是什么？

1. 削减支出的能力是有限的，而赚钱的潜力是无限的。
   赚钱远比不断削减支出更容易。你要根据情况分配你的精力。
2. 尽量通过自动操作减少对金钱的决策次数。将你的账单支付、储蓄转存和发薪日设置到同一天，这样你需要做的所有事情都会自动进行。
3. 总是分配一点娱乐经费。不论你的债务有多高、财务目标有多大，你都需要自由支配一些钱，不带负罪感地享受当下的生活。

问：你能否给我们看看你一周预算的样本？

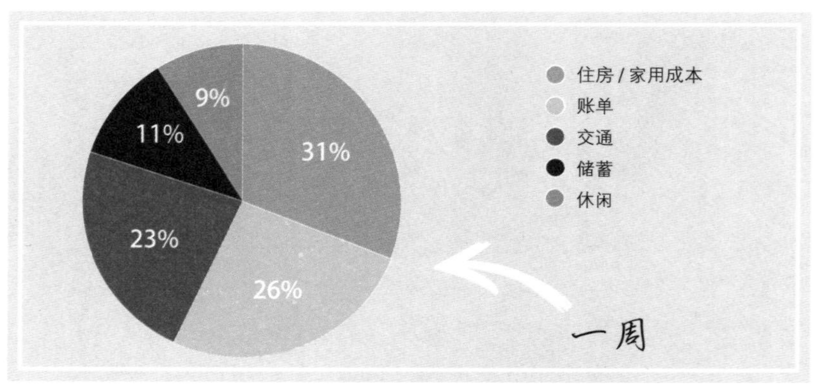


图 1–3　布里奇特·凯西的一周预算样本

我发现大多数人做不到或者不想这样，所以我一般建议人们按下面的情况做预算：

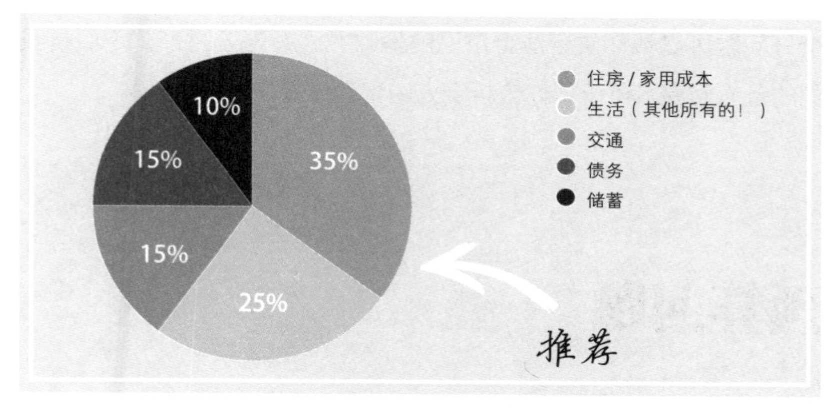


图 1–4　布里奇特 · 凯西的预算推荐

## 问：你将总收入的百分之多少用于投资（除了基本的储蓄）？

我把收入的 20%~25% 用于股票、交易型开放式指数基金（Exchange Traded Fund，简称 ETF）[1] 和共同基金（将众多不同股票捆绑在一起的不同投资账户类型）。我是金融 MBA，所以投资是我的最爱！

## 问：你建议人们在开始投资之前考虑哪些问题？

最重要的问题是：在涉及投资管理的时候，你个人准备付出多大努力？对此，没有正确的答案，完全看个人偏好。有的人喜欢阅读季度股价报告并管理自己的投资组合。有的人只是希望有人替他们管理财产而不用自己操心，智能投资顾问最适合他们。第二重要的问题是：你投资的主要目标是什么？有的人希望实现财务增长，有的人希望增加被动收入，有的人则两种都要。你的投资选择取决于你希望从投资中获得什么。

[1] ETF 通常又被称为交易所交易基金。——编者注

如你所见，在建立完美的个人预算的时候，每个人都可能采用不同的策略，具体由个人需求、期待和资产状况决定。不过，有几个好问题可以帮你决定适合自己的理财方式并配置财产。下面是我们的备忘问卷，可以帮你分析个人消费和储蓄情况。

下载资源 

# 预算问题

1. 上个月我购买的哪三件东西属于冲动消费？
2. 上个月我购买的哪些东西具有长期价值？
3. 本月我想从预算中减掉哪三件东西？
4. 我最近购买的所有东西中，之后有廉价出售的吗？
5. 上个月我花了多少钱在外用餐？
6. 我是否设置了具体的储蓄目标，是否达到了目标？
7. 进一步讲，我要为什么（具体东西）而攒钱？
8. 为了满足上述目标，我每周需要攒多少钱？
9. 要想在下个月增加收入，我有没有切实可行的方法？
10. 我在我真正在意的事情上花过钱吗（比如，一次难忘的经历，或者一份有意义的事业）？

访问 TheFinancialDiet.com/BookResources 进行下载

本书并不教你如何从零开始做预算文档，但它旨在让你对此有一个快速的了解并激励你关注自己的财务目标。

如果你想要与钱为善，最重要的事情就是做好预算，仅此而已。虽然我们不能承诺你一定会乐在其中（确实不会），但我们可以保证你将得到最大的投资回报（庆幸吧）。不花分毫，只需要花几个小时问自己几个问题，你就能构建一个框架，掌控余生的日常生活。没有什么比拥有这种掌控感以及知道自己每个月的钱从哪儿来、到哪儿去更令人感到痛快；而且，没有什么比能够按照自己的想法来规划一个真实的未来更让你觉得自己像一个成年人。

# 第2章

# 投　资

## 如何驾驭你的资产

如果你想等到有钱了

再开始理财，

那就无异于等到结婚了

再开始约会。

我小时候，家里总摆着一张非常大的原木餐桌。家里摆放这张桌子并不是因为它最适合一家四口吃饭——绝对不是，而是因为这是最适合举办扑克派对的桌子。对我这种小孩子来说，扑克派对意味着我可以熬夜到任意时间，我可以在父母的房间看电影，吃妈妈给客人做的小点心（如果我承诺看好妹妹，让她一直待在卧室，那么我通常还能再赚到几包糖果）。随着我逐渐长大，我可以和大人们在桌边待更长的时间，一边学习怎么玩牌，一边逗他们开心，以便不被冷落。等到 21 岁回家过暑假的时候，我可以一整夜坐在桌边，呷着伏特加苏打水，和年龄是我两倍大的男人们一起打牌。能够真正参与到牌局中对我来说有着极其特殊的意义——赌上 15 美元，听一整夜的故事，偶尔再讲几个自己的故事。在许多方面，我根据自己在那些扑克游戏中的角色来衡量自己的成年生活——赌钱（甚至有可能赢钱）是让游戏过程变得激动人心的主要原因。长久以来，我用看待扑克的方式来思考投资的概念：那主要是更年长的人所擅长的领域，他们知道如何瞒天过海，而我的结果几乎总是输钱。

直到我开始运营 TFD 并开始学习投资的基本知识时，我才相信自己也可以拥有“多元化投资组合”。比如，以前上班时人事经理给我的那份 401（k）计划，就被我直接扔进了垃圾桶。但是那东西确实有用。如果我好好利用它，我现在就能多得几千美元了，如果将这些钱原封不动地留在账户中，它还能自然增值。但我当时连401（k）是什么意思都不知道，而我又懒得问别人。我不理解为什么要花1个小时设置一个账户，把自己的钱放到里面，而不是及时行乐。我不懂那种细水长流也算是一种“投资”，而且投资其实可以简单到只需和人事经理多待1个小时。

当然，投资和打牌并不一样，如果你把它们看成是一样的，那你就大错特错了。说白了，投资既不可怕也不难做。你需要了解一些基本规则并熟练地运用一些策略——但这是每个人都能掌握的，甚至每个月再多花几美元。当然，我们绝不会鼓励你学某些中年人，突然过得近乎隐士，一周不出门，用80小时“做日间交易”。不过，了解投资的最重要的部分之一是要趁年轻时开始：人们很容易认为“让钱为你工作”这种鬼话仅仅适用于有钱的老年人，让我来告诉你，事实并非如此。年轻就像是拥有了增加财富的秘密作弊代码，因为你的财富具备很长的增值时间。

掌握正确的词汇——本书后面的术语表中提供了大量有用的投资术语——并且了解基本的投资原则就已经成功了一半。大多数人不愿把钱用于投资，因为他们觉得投资很复杂，不愿自找麻烦。我们通常把投资看作一个极为主动的过程，需要全心投入才能完全掌握它。但是投资的方式有上百种，而且由于很多投资都是被动的、容易操作的而且资金需求量小，你会发现眼前是一片广阔天地。不是只有手握大把钞票的理财经理才能投资，和人事部的人员花几个小时做预算也是投资。天哪，就连还贷款这种事都是

## 小白投资指南

1. 将至少 3 个月的生活费用存起来作为应急基金。
2. 创建一个贷款偿还日期，以便按时还款，最大化地减少利息，提高收益。（对比你每月的债务累计利息和投资回报，算上税钱，看看你的钱用在哪里会更有价值。）
3. 开通一个养老金账户，最好可以由雇主分担一部分，比如 401（k）。如果你的 401（k）有雇主可以分担，确保雇主分担的额度最大化。
4. 研究一下其他低风险的投资选择，比如共同基金和指数基金。
5. 当你完成上述操作之后，如果你对自己的投资能力充满自信，并且非常看好你所投资的公司，你就可以考虑一下个人股。（很多人想到投资的时候，都会想到股票。不过投资并非只有一种方式，成为投资者并不意味着要购买个人股——事实上，许多人并不投资股票，因为它的风险更高！）

你对自己未来财务的投资。

你应该把你的钱看作一个精明能干的老板：它不应该只是百无聊赖地待在账户里，无所事事（应急基金除外，虽然它也无聊，但这绝对理所应当）。你的资产应该积极地工作，永远为你的利益服务，而且一直向着既定的目标靠近。最重要的是，你并不需要掌握晦涩难懂、风险重重的复杂策略。相信我，如果我能搞懂它，那么你也没问题。不过，你必须知道从哪里开始。

当涉及投资问题时，你必须了解一件事，即预算中的 1 美元不一定只是 1 美元。没错，1 美元可能被你花在沙发、T 恤或者咖啡上，但是如果我们有机会——因为有时候我们只是没钱投资——投资可以让 1 美元更具价值。如果我们不懂得利用退休金账户和里面积累的复利，那就是自作自受、自毁银行账户。

我不会吹嘘着承诺你，如果你每天在账户里放1美元，那么等你50岁的时候你就会成为百万富翁；但是如果我们从年轻时就开始投资，那么我们都有机会积累财富。我们都有可能成为那种有储备金、有退休金计划以及有遗产可以传承的人。而且，搞清一种投资的价值要比你想象的容易得多。事实上，你可以通过一种简单直接的法则快速计算复利，你可以将一项投资的长期潜力具象化，看看几年内大概需要支出多少费用，并在不同的投资选择中做出决定。掌握72法则（Rule of 72），你就会立刻成为分析这些复杂数字的奇才。

72法则：

这条简单的法则旨在帮你计算一项投资在多久之后可以翻倍。只需用你的复合年利率除以数字72即可。（谨记，如果利率是5%，则将其记为5，而非0.05。）

这些都是你需要了解的基本内容，它们在你走上投资之路时非常重要。但是在你刚开始让钱运转的时候，你可能还需要一些帮助。你或许已经能够使用一些投资语言，但是要想在投资方面有所精进，你需要找一个理财向导。当你从零开始时，你常常懵懂无知，很有可能连简单的术语也不理解。（在我投资之初，我都不知道股票是什么。）此时，一定要找一个你信任的人来帮你学习基本知识，给你提供明智的建议。即便通过搜索软件能搜出你需要的所有信息，如果你不知道怎样提问，你也很难有所进展。这个理财向导可以是专业的理财经理，也可以是你所信任的有投资经验的家人。在理想情况下，在和向导进行沟通之前，你心里至少要有些模糊的目标，并且你要做过足够的基础调查，这样你才能顺利地进行对话，迈出达成目标的第一步。

你的人事经理通常就是你最早的理财向导之一，他会帮你了解退休金账户，这应该是你投资之路上的第一站。退休金账户是最安全、最容易上手的一种投资类型，它几乎不需要你参与其中。不论你打算拥有复杂的资产配置还是仅止于最基本的401（k），退休金账户都是必不可少的投资。如果雇主可以为你分担相同的额度，则这件事会事半功倍。所有基本的退休金账户类型——比如401（k）、IRA——都便于获取且容易设置。不同的账户类型可能带来巨大的收益。我请了克丽丝滕·罗宾逊（Kristen Robinson）来解释操作退休金账户所需的所有知识。克丽斯滕是那种人们梦寐以求的人力资源专家，她是富达（Fidelity）负责新兴投资者业务的高级副总裁，她每天的实际工作是“帮助年轻女性理财并且战胜对投资术语的恐惧”。对于通常让人望而生畏的退休金账户，看看她是怎么说的吧。

**参考本书后面的术语表，学习基本投资类型——包括股票、债券、交易型开放式指数基金和指数基金之间的差别。**

## 克丽丝滕·罗宾逊
Kristen Robinson

**富达新兴投资者高级副总裁**

问：你能否解释一下什么是 IRA 和 Roth IRA，以及它们和 401（k）的差别？人们还应该知道哪些退休金账户？

IRA 和 Roth IRA 都是可以以个人身份设立的退休金账户。401（k）是由雇主承担的退休金账户。账户类型不同，个人的缴纳比例、可减免税额或者延迟纳税额的比例也不同。401（k）账户允许雇主的缴纳达到特定比例。有一条基本原则是，一旦你投入了 401（k）所允许的最大额度，可以得到雇主最大额度的匹配，你就可以考虑通过设立 IRA 或者其他有纳税优惠的退休金储蓄工具来进行补充。

虽然投资 401（k）大有裨益（包括一定的纳税优惠、债权人保护以及较低的费用），但开设 IRA 的好处是它能让你接触到各种各样的投资类型，它通常比 401（k）的涵盖更为广泛，包括股票、债券、共同基金和交易型开放式指数基金。IRA 账户有不同的种类，比如传统 IRA 和 Roth IRA。虽然通过这两类账户，你每年都能存储最高 5 500 美元（50 岁以上为 6 500 美元），但它们各有所长。

在传统 IRA 中，你用纳税申报中可免税的钱缴费，因而收益也会潜在增加并且可以延迟纳税，直到退休提取时再缴税。在 Roth IRA 账户中，你用已缴税的（税后）收入进行缴费，而且你的账户余额可能会继续免税增长，退休时也可免税提取，当然前提是你要符合特定条件。

对于其他的一些退休金账户，你也应该有所了解。配偶 IRA 是针对“居家”配偶的退休金账户，它可以帮助只有一份收入的夫妻获得与拥有双份收入的配偶相同额度的纳税优惠 IRA 储蓄机会。这类账户对资格有所限制：你们必须已婚并在计划缴费的几年里联合报税。由于所有的 IRA 必须用收入来缴费，你需要用自己的工资为你的配偶缴费。设立一个配偶 IRA 相当容易，只需你的配偶开设一个传统 IRA 或者 Roth IRA 账户，然后你就能向那个账户缴费。

最后，还有一种补充缴费。年龄大于 50 岁的人在 50 岁时可以向他们的 IRA 和 401（k）账户进行附加缴费。这些额外金额可以帮助他们增加养老金储蓄。

### 问：人们是否应该设立多种账户？

是的，既缴纳 401（k）又缴纳 IRA 的情况相当普遍。401（k）是用你的税前工资缴纳，而 IRA 是用你自己的钱（来自你的银行账户）缴费。就扣税情况和适用问题而言，传统 IRA 和 Roth IRA 都有限制。你也可以在拥有 401（k）账户或者其他由单位支持的退休金账户的同时，设立一个针对副业的小型业务账户。

### 问：如果有人不能通过工作获得退休金账户或者自身是个体经营者，那么他们的最佳选择是什么？

对于没有 401（k）或者其他由企业支持的账户的人，他们可以考虑将传统 IRA 或者 Roth IRA 作为首要投资选择。不过，个体经营者还可以考虑一些其他的选择，如下。

**SEP IRA**：专为个体经营者或者小企业主（包括有员工的小企业）设计。这一计划完全由个人缴纳，缴纳比例可达工资的 25%，最高为 53 000 美元。

**自雇者 401（k）**：为个体经营者或除了配偶之外没有其他员工的小企业主设计，由员工用递延薪酬缴纳，最高可缴纳 18 000 美元（50 岁以上为 24 000 美元），雇主缴纳比例达到员工工资的 25%，最高可缴纳 53 000 美元。

**简易 IRA**：（员工个人退休金账户的储蓄激励匹配计划）：为员工数少于 100 人的企业或者个体经营者设计。同样由员工用递延薪酬缴纳，最高可缴纳 12 500 美元（50 岁以上为 15 500 美元），雇主最高可缴纳 5 300 美元。

### 问：对于初入职场的年轻女性，有哪些养老金账户问题是她们必须知道的？

由于拥有时间红利，今天即使攒一点钱，将来它也会升值。试着每月少去一次餐馆，增加放入养老金账户的工资收入比例。简单的取舍并不是牺牲，它能帮助我们把钱利用起来，这些钱在将来会派上大用场。

永远把工作中赚来的“闲钱”利用起来。如果你在单位养老金账户中存钱却没有达到公司最大匹配额度，那你就错过了白拿钱的机会。许多人都错失了工作单位提供的学习机会：在那些可享受雇主提供的养老指导的女性中，65% 的人并没有把这个机会利用起来。你没必要清楚所有问题的答案，但一定要让你辛辛苦苦攒的钱为你努力工作。养老金账户有很多投资选择——保守型、激进型，你可以根据你的目标、你需要节省和投入的时间以及你对市场波动性的承受能力进行选择。如果你在根据个人目标制定最佳投资组合时需要帮助，你有很多资源可以利用。

你可以随处寻求帮助，找到免费的理财建议。积极参与你所在公司提供的免费理财工作坊或者一对一指导，或者直接去找富达这样的公司，它们会欣然与你进行电话沟通、在线沟通或者邀请你到分公司进行当面交流——既不收费，也没有任何附加条件。

当你把养老金账户设置妥当，让它帮你用钱生钱之后，你就应该从更加宏观的意义上考虑一下投资。现在你并不需要进行养老金账户之外的投资（至少不是现在），但如果你希望在理财方面更为积极主动并且希望拥有多元化的资产配置——房产、个人股以及大额基金都是让钱生钱的方式——你就应该了解一些基本的投资玩法。我保证，你无须效仿《华尔街之狼》，破釜沉舟、大干一场，因为没有什么能阻挡你种下财富的种子，即便你现在每个月只存几美元。

不过，你不必听我说。有一个人曾经在华尔街工作，现在开办了一家教人理财的学校，看看她怎么说。皇甫简（Jane Hwangbo）是“简的理财学校”（Money School with Jane）的创办人，对于那些20世纪80年代的电影中可见的贪婪的投资情形（往往让人联想到身穿西装的股票经纪人形象），她如是说：

“华尔街的投资是输赢的较量，就像是专业运动员之间的竞技，是纯竞争性的。你参与其中就是为了打败你的同行，而且你只能通过打败竞争对手来立足，只有笑到最后的人才是真正的赢家。在华尔街，每一天都要达到胜利的目标，你永远不能停止。我在20世纪90年代加入一家颇具声望的以技术为核心的对冲基金公司做半导体分析师时，就和这些人一样。我以为我会赚得盆满钵满，然后开心快乐。但是，我错了。

“我没有意识到华尔街的投资方式属于日复一日的单调生活。过一段时间之后，你的精力和热情就会消耗殆尽。我变得乏味无趣、毫无生气，整个人就像硬纸板那样扁平单调，迫切需要找到工作的意义。”

我们第一次见到简的那天晚上，酒过三巡，她说那种金钱和竞争的死循环让她筋疲力尽，陷入了严重的生存危机和个人危机。她说，她担心那些热衷于投资的人可能会以同样不健康的游戏心态看待投资界，即便他们参与投资是出于家庭责任或者个人目的。有些人可能会对“让钱生钱”避而远之，不敢尝试或者望而生畏，而那些激进的投资者可能会用华尔街的那套方式进行投资，即便只是小打小闹。她反复提醒我们要保证个人资产生活的平衡，要将理财建立在个人目标而非金钱数字上。

这种可续持性理论——借鉴投资圈的精华并将其人性化——推动着简走到今天。她为年轻女性提供了一种思考投资的方式，让我们都可以像老板一样看着自己的钱为我们工作，而不用拿自己的应急基金冒险或者违背良心。

# 皇甫简

Jane Hwangbo

**“简的理财学校”创始人**

## 女性应该知道的 10 条投资原则

1. 钱是投资工具，不是投资目标。当你清楚这一点后，你在进行小的财务决策时就会抱着不同的想法，从而更好地实现大目标。花些时间好好想想你希望用手里的钱实现怎样的个人目标和未来计划。
2. 积累 SOS（救援）基金。在你考虑投资之前，你要准备至少够用 6 个月的应急基金，把它放到一个不能随意使用的现金账户中，并在心中把它标记为“SOS 账户”。如果没有足够的现金储备就贸然进行投资，那就相当于开赛车时不系安全带。聪明人都不会这么做。
3. 学会算账并学习基本的理财术语。不要仅仅把术语记住，还要清楚每个术语在具体理财情境中的用法。所有的资产（股票、债券、地产或者合伙人权益）都有一个理财情境。作为投资者，你需要了解这些情境并验证它们是否合理。
4. 熟悉基本的会计知识并习惯于和数字打交道。要清楚如何评估生产性资产的三个要素：利润表、资产负债表和现金流量表。功夫不负有心人，你将因此改变自己看待股票、债券、投资性房产，甚至交易型开放式指数的方式。只要付出努力，就会有所收获。

5. 先要设立退休金账户：401（k）、Roth IRA 和传统 IRA。先将“限时免费”的钱用于投资，然后是延迟纳税基金，最后是完全应税基金。说白一点，就是：利用由雇主支持的 401（k）计划，因为它可以给你提供免费的税前资金。由于投资的资金会按复利增加，所以在投资初期多加一点点都会在长期上带来巨大的不同。
6. 接下来，尽可能建立被动的投资收入来源。把精力用于配置能获得经常性被动收入的投资组合（“被动”意味着你仅需进行少量的日常管理）。这样，不论你的职业有何变动，你都可以过上自己想要的生活。这个目标有些宏大，但只有当你的投资可以支撑生活消费，你不再依赖于工资或薪水时，你才真正算得上富有。
7. 忘掉资产配置的传统原则，根据自己的个性进行投资。最佳投资是在你能够承受的风险和回报范围内的投资。这需要你量力而行，不能仗着自己年轻就大刀阔斧地买股票。你可以购买债券，进行再投资，如此也能做得非常成功。当你年岁渐长，你已经从以前的投资中获得了稳定的被动收入来源时，你就可以不再购买债券。
8. 在投资企业时，一定要充分评估其财务策略。换言之，要考虑一家企业如何能够创造持续的利润，而不仅仅是看它的销售额。这样的话，作为投资者，你可以通过现金分配或分红的方式获得回报。
9. 如果投资失败，不要耿耿于怀。投资本身就是一种概率性事件，其结果并不确定。好的投资者对此心知肚明并尝试从那些失败的选择中吸取教训。事情总会变化。重新评估你的想法，避免个人偏见。
10. 要有耐心。投资是一个考验人、折磨人的过程，同时它也会让你成长、让你改变。在投资过程中保持信心，做重要决定时要从长期角度出发。不忘初心，方得始终。

投资是一件可怕的事情，这没什么可争辩的。不过，一种精明、平衡的理财方式可以帮你毫不费力、顺其自然地实现目标，它可以让钱生钱，而不是无所事事。哪怕你迈出的第一步只是简单地给人事经理发封邮件，询问一些基本问题，重要的是你已经开始行动了。从“非投资者”变成“投资者”并没有什么魔法可言：投资的信息向所有人开放。我们都能自由决定自己想要的理财方案以及我们期待的目标——只要我们善于提问，并积极寻找答案。你要了解必要的信息，清楚自己想要达成的目标以及你如何能够达到目标，然后开始行动。

即使只是一天投资几美元也没关系，关键是聊胜于无。你可以成为一个拥有“资产配置”的人，而你并不需要为了目标而急功近利。你只需做你自己，只需更加明智地对待自己的钱。

# 第3章

# 职业生涯

## 如何成为自己人生的 CEO

如果你不得不工作，

你最好找对方法。

我有过大约十几次被开除的经历，我说大约，并不是因为我想捏造数字，而是因为我确实记不清了。有一段时间——在我 15~20 岁的时候——我把自己的职业生涯看作一条不归路。我到不同的城市找工作，然后换到别的国家，想找一个地方摆脱“笨手笨脚但有潜力”或者“出于法律责任需要保安护送出去”的职业声誉。换公司对我来说就是家常便饭，因为我从来不认真地对待自己。21 岁的时候，我曾被一家高档咖啡店开除，因为我清晨 4:45 打电话请求别人代班，理由是我看完大卫·库塔[1]的演出后还没醒酒。我认为拥有一份严肃的职业既不合理也不讨喜。

但是，你可能已经猜到了，如今我的世界观已经改变。我拥有一家需要我的初创公司。我从未想过自己会如此热爱我的职业生活，我意识到对待工作的方式在很大程度上说明了我的为人。我也意识到我的工作并不会限制我。我曾经害怕“成为一个无聊的上班族”或者“为了工作而牺牲自己的社交生活”，这些担心现在看起来荒唐可笑，因为工作和生活（往往）可以达到平衡。相比以往，我现在虽然在职业生涯中投入了更多的努力，但却拥有更多（而且更加愉快）的自由时间。我学会了优先安排需要完成的事情并清楚哪些事情可以推迟，因此，我在外出的夜晚不再因为自己没有完成任务

[1] 大卫·库塔（David Guetta）是法国音乐制作人、歌手。——译者注

而隐隐担心，也不再因为和老板说谎逃避工作而惴惴不安。认真对待自己会给你带来宁静。

我曾以为我最终能找到一份可以让我梦想成真的神奇工作（相信很多人都有这种想法）。但是事实上，我们每个人获得工作的方式都是一样的——给出自己的最佳表现。当你形成了自己的工作理念之后，你需要清楚如何在工作中找到成就感并且决定什么东西对你的事业是真正重要的。即便是那些擅长做列表的人，他们在做了所有正确的选择后，也往往会讨厌自己所处的境地。更糟糕的是，我们对于“合适”工作的期待常常让我们陷入失望之中。搞清楚如何利用已有资源或者承认自己渴望有所改变，通常比获得一份工作更为困难。

对许多人来说，理想的生活总是难以企及或者并没有一张可以依靠的明确的路线图。即使我们对自己的职业方向一清二楚，我们也可能面临着一份限制我们行动的月度预算。TFD 每天都能收到一些年轻女子的抱怨，她们并不喜欢现有的收入可观的工作，但她们并不会在未来几年内辞职，因为只有眼下的工作才能让她们偿清每月贷款，而不用把自己的卧室挂在爱彼迎（Airbnb）上出租，自己却挤在淋浴室里。不过，即便是这种不幸的处境也蕴藏着大量的好处：许多人都在应对令人厌恶的工作、可怜的工资以及通过这份工作来支付天价的月账单的无奈。

这就说明了保持良好财务状况的重要性。除非严格把控个人预算，清楚自己的消费状况，并且绞尽脑汁地增加收入来源、保持收入增长，否则你不可能拥有职业自由。只有具备财务稳定性，你才能追求职业梦想——这就需要你在消费习惯和生活方式上量力而行，并且做出调整以便得到更大的灵活性和更多时间。说白了，你能掌控自己的财务命运，你就能掌控自己的职业路径。省钱、量入为出、增加收入形式通常可以让你逃离无法忍受的工作，随心所欲地寻找更好的工作。

拥有一份既令人满意又成功的职业意味着你要决定自己的未来并且朝着目标努力，而不是仅仅在邮件里写下策略：你想要什么时候起床？你希望自己在走进办公室时是什么样子？你希望自己多么擅长人际沟通或公众演讲？在办公室之外的场所也要体现出你的职业素养，这意味着你要强迫自己像对待任务的最后期限一样，严肃对待个人习惯。

我曾经收到过一条让我豁然开朗的建议："给你的时间赋予价值，不要再用金钱来衡量财富，而要用自由来衡量财富。"从那时起，我一直重视每个小时所获得的价值以及如何使每个小时的价值最大化，以便在较短的时间内完成更多的工作，并留出更多的自由追求我热爱的事情和那些有助于我职业生涯发展的事情。培养爱好、参加课程、学习新技能、开展副业——这些是充实生活的关键组成因素，但当我们开始优先考虑那些可以让我们迅速致富的事情时，它们也很容易被我们从计划清单中删掉。说到底，没有任何一份工作可以十全十美，不论你多么热爱它。我们应该努力找到成就、挑战和收入的多种来源。如果我们严重依赖某一个角色，视其为包罗万象、无所不能，我们和这个角色之间就会形成不良关系。

“给你的时间赋予价值，不要再用金钱来衡量财富，而要用自由来衡量财富。”

我是副业的积极倡导者，不仅因为副业可以让人达成财务目标，而且因为这种体验很美妙，你可以关注一些其他事情，尝试一些需要不同技能的事情，提醒自己在你的主业之外还有另一番风景。

我年轻时在工作上玩世不恭，对待自己的生活目光短浅，拒绝为未来的自己思考或者做规划。我总想毫不费力地走捷径，这反而让问题变得复杂，还从长远上限制了自己的选择。不过，还有好几次，在我想看电视而不去参加那个有趣的工作坊，或者因为懒惰想把一项两小时就能完成的任务拖到两天完成的时候，我克制住了自己的冲动。

在写这章内容的时候，我和几位精明干练的女性聊了聊，她们都是职业生涯指导专家，但她们并不会教你“如何残忍地牺牲掉工作和生活之间的平衡，成为 CEO”。TFD 的工作观一直都是“有时全力以赴，有时全身而退，因为我们都是人，人的生活应该丰富多彩，而不是囿于工作和职位”，这些女性恰恰体现了这一点。这些卓越的女性告诉我如何定义职业，如何根据自身情况进行职业规划，以及如何通过理财实现自己的重要目标。我们甚至还聊到了如何打造个人风格，拥有理想中的职业形象。说到底，我们都是自己人生的 CEO，这意味着我们的每个小时都应该得到合理利用并且按照个人的财富和幸福标准得到充分补偿。

从职业角度来讲，那个曾经糟糕不堪的切尔茜转变为现在的切尔茜，是因为我遇到并跟随了优秀的导师。在那些我有幸认作导师的女性中，乔安妮·克里弗（Joanne Cleaver）是最重要的一位。乔安妮是一位财经记者、作者、顾问，她拥有几十年的创业经验，而且热衷于帮助女性在工作领域获得成长。她发现TFD正处于成长初期，于是写了一篇关于我们这个网站的杂志特写，并鼓励我们推销自己。她带我们参加研讨会和大型集会，将我们介绍给那些在倡导女性工作、帮助女性获得财务独立方面拥有几十年经验的女性。乔安妮很早就告诉我们，帮助所有女性提升理财能力和职业素养可以是一项毕生事业。

## 乔安妮·克里弗

Joanne Cleaver

**财经记者、作者、顾问和企业家**

如果你想要在自己的事业上“有所成就”，你就要先抛弃对成功的刻板定义：职业道路的变化速度远比描述它们的语言更快。比如“攀登职业阶梯”这个词，虽然你现在还能读到，但被提及的那把梯子早就不复存在了。从 3 个维度——向上、飞跃以及偶尔地退出——定义职业成功会为你开启一系列崭新的机会。不过，你仍然需要脚踏实地、努力前行。

在公司或行业内进行社交是开拓潜在机会的秘密武器，这么做还能发展人际关系，对方可能为你推荐好的机会。你的目标是做对的事，遇见对的人。那么你要怎么做呢？不要找你的老板帮忙。她正忙着让你和你的同事达成小组的业务目标。（永远不要忘记，建立声誉的最重要方式之一就是让你的老板脸上有光，即你要知道哪些激励措施能够给她带来奖金，以及如何让她在她的上司面前表现得好。）

这里有 6 条久经考验的策略，可以帮你快速在公司和行业中建立起社交网。即便你决定换份工作，在当前行业中寻找也要比在完全不同的行业中从头开始容易得多。

### 1. 做志愿工作

没错：白干活。为了扫除心理障碍，你可以把它想成为自己工作，努力不会白费的。我在一家城市报纸做财经和地产类副主编的时候就用过这个策略。编辑室的所有人都讨厌每年一次的联合劝募[1]慈善活动。大家总是抱怨城市里的各种问题，但基本上都拒绝为解决这些问题自掏腰包，即便我们的老板是地区联合劝募的董事。

我和编辑室的几个朋友谋划创办了一份小报，复制了我们最近刊登的一些感人故事，以及通过奉献爱心来解决问题的故事。我还开启了家庭主妇模式，举办了别致的蛋糕销售活动和杯装蛋糕竞赛。这个策略大获成功：编辑室的捐款超过了以往任何时候。

几周之后，我被叫到高管室开会。我到场后，我的直属上司和他的直属上司正等着我。总裁也是。结果是，总裁特别喜欢那份小报，买了一大摞，准备带到下次的联合劝募大会上向其他大佬展示。承担一份没有回报的任务让我在老板和整条“食物链”上都树立了良好声誉。

## 2. 想办法和公司或业内的意见领袖共事

有一个员工在华盛顿特区的一家非营利机构工作，她觉得在当地众多的非营利机构中难以找到合适的岗位。而且非营利工作的竞争太激烈了，她不想陷入遥遥无期的等待。

怎样才能遇到在任的执行董事，为她推荐她想去的岗位呢？答案是，通过志愿参与这些董事私下所关心的活动。她研究了领英的志愿论坛，发现了一些由具有影响力的女性发起的活动。

合适的机会出现后，她适时出击。她所做的工作并不光鲜：早出晚归、搭建场地、收票、清理场地。但这些琐事是和那些女性执行董事一同进行的，她们亲眼看到了这位职员积极可靠的工作状态，而她

[1] 联合劝募（United Way）是全球领先的慈善机构，其使命是通过动员社区各种关爱力量，提高生活质量，发展公益事业。——译者注

也向她们说出了自己的职业愿景。不到一周，她就接到了其中一位高层志愿者的电话，推荐给她一份工作，这最终让她从一名职员跻身为一家非营利机构的执行董事。

### 3. 不论你的正式工作是什么，你都要扩大顾客和客户群

等等，你可能会说：我不是做销售的！不，你是！每个人都是做销售的。由于社交媒体的发展，所有员工都可以向公司中专门负责开发客户的人员推荐潜在客户。

### 4.职业认同

具备倾听和真诚理解他人需求的能力。不论你的起点如何，也不论你在哪里工作，你都可以培养这些社交技能。

### 5.掌握（良好的）社交技巧

社交媒体的发展和传统职业路径的没落并没有改变一条核心事实：人们愿意和他们了解、信任和喜欢的人一起工作。找到新的职业机会是你的事，也是别人的事。建立人际网络就是相互照应。

### 6.跳出固有角色

不要担心有些事情超出你的工作范围或者不能给你带来即时利益。职业发展的过程就是为今后的美好之路打基础。

“永远不要忘记，建立声誉的最重要方式之一就是让你的老板脸上有光，即你要知道哪些激励措施能够给她带来奖金，以及如何让她在她的上司面前表现得好。”

职业成长是一个持续进行、不断完善的过程，需要我们定期评估自己的处境。即使你热爱目前的工作、公司和行业，你也要至少每年针对一些重要问题进行一次反思，确定你是否最大化地利用了自身资源，你所处的角色是否能带你去到你想去的地方。在职业道路上改变主意无可厚非，期待得到比现有工作更好的岗位也并不自私，即便你已经“比下有余”。你必须从收入等各方面来评判自己的职业和成就——从自己的角度考虑，只为自己考虑。如果你不快乐，那就换工作。

那么，你怎么能知道自己不快乐呢？你可以问自己一些严肃的问题。幸运的是，乔安妮制定的“年度职业检查”中总结了一些问题，可以帮助我们了解自己的职业状况以及我们想要改变的方面。

下载资源 

# 乔安妮的职业检查

## 你每年都应该反问自己的 7 个工作问题

1. 我在业内（除了我的公司）是否发展了至少两段人际关系?
2. 我在想要培养的技能方面是否发展了至少两段人际关系（包括公司内和公司外）?
3. 为了胜任自己 5 年后想要从事的工作，我需要具备哪些技能?
4. 为了胜任自己 5 年后想要从事的工作，我需要拥有哪些经验和成功案例?
5. 哪些小组、项目或委员会可以让我在日常的同事和合作伙伴之外扩大交际圈?
6. 为了确定自己想要从事的行业的趋势，我正在追随哪些行业领导者（公司）?
7. 为了确定自己可以采取的有效职业策略，我正在追随哪些行业领导者（个人）?

访问 TheFinancialDiet.com/BookResources 进行下载

在个人主业的范围内规划自己的职业路径非常重要，如果我们不全力以赴、主动攀爬职业救生梯（而是等着消防员拉着我们登上梯子），那就大错特错了。但你的努力并非止步于财务或个人方面。不论你是希望多赚一点钱，拥有更为多样的技能，还是准备向新的领域转型，你都需要掌握“副业的艺术”。找到最容易且收益最好的方式，增加你的底线收入并磨炼一项新技能，这不仅仅是通向自由的关键，也是增强安全感的关键。正如我的好友、多重副业工作者斯蒂芬妮·乔盖普洛斯（Stephanie Georgopulos）所说：“拥有多种收入来源并不仅仅意味着丰厚的收入，还意味着可以自己掌控个人职业命运，而不受雇主约束。”

斯蒂芬妮在美发沙龙工作过，经历过彻底的破产，曾背负沉重的学生贷款，通过大约 6 年的点滴积累，才建立了理想的职业生涯。她的做法是，同时拥有工作、副业以及零碎工作，并且不断地自我反问，从将来的视角看待今天不能解决的问题。她认为不论主业是什么，你都要拥有一份不错的副业，并为此给出了一些重要的原则。

# 斯蒂芬妮·乔盖普洛斯

Stephanie Georgopulos

**多重副业工作者**

---

## 问：说说你是如何从美发沙龙的工作者发展为一个声名斐然的全职媒体工作者的？

毕业之后我需要尽快攒钱，所以面试了一个美发沙龙协调员的职位。我每小时赚10 美元，好在我有一台电脑，还有很多空闲时间。于是，我开始写博客并且发现了“我的声音 1.0”（My Voice 1.0）。当有了一个听众之后，我逐渐增加了信心，开始接触拥有大量粉丝的博主，询问他们如何（免费）投稿。然后，我开始为刊物撰写文章。我仍然是免费写作，但我开始看到未来并且热情高涨。当我的文章被 Gizmodo[1] 转载之后，我心血来潮地决定辞去美发沙龙的工作。没有工作之后，我做了很多临时工作来补贴自己的生活，包括社交媒体、焦点小组之类的。在写作方面，我通过 Craigslist 网站找到了一份付薪水的工作，接着就是积累口碑，之后我强势获得了一家刊物的兼职工作，最终被其聘用为全职员工。我的第二份工作是由一位长期关注我的写作的朋友推荐的，也是从那个月起，我在现在的公司（Medium，媒介）开始了兼职工作。在我的财务状况可以支持完全自由职业之前，这两份工作我同时做了两年。但是，6 个月之后，我和 Medium 的合同到期，又一次陷入困境。之后，它们发布了一个像是为我量身定做的职位空缺，

---

[1] Gizmodo 是美国科技博客网站，主要报道和研究高科技产品，涉及计算机、手机、数字相机等。——译者注

而且因为我之前的工作关系和优秀的面试表现，我得到了试用机会。两个月后，我被聘用为全职人员。

### 问：关于副业你有什么经验之谈吗？你现在有了“理想的”工作，是否仍然奉行它们？

要自我反思。推翻沉没成本的误区，放弃那种因为你已经投入太多时间、感情或价值而不愿放弃某事、一定要硬撑下来的想法。如果一项副业不能像起初那样有趣或者有利可图（或者与你的想象不同），你就要适时离开，寻找下一个项目。

我现在并未放弃副业，只是比以前更有选择性。我将藤麻理惠（Marie Kondo）的整理法则运用到我的副业中——我热爱自己的工作，这是我的优先考量，我还以自由职业的身份参与过很多项目，有的项目报酬微薄，有的项目沉闷乏味。如果是为自己的事业而工作，我不会在意蝇头小利，我宁愿分毫不取。不过，对于合适的项目，我一直都保持开放的态度。

### 问：对那些在一天结束后感觉没有力气再做其他事的人，你会说什么？

有人需要在工作后依然充满活力（比如，他们需要养家糊口）。但我有一个建议，就是找一份使用和主业不同的大脑分区的副业。如果你整天面对电脑，你可以尝试一些运用体力或者直觉的工作（比如，我制作并销售药酒）。如果你在公司工作，做保姆可能会让你感到轻松。做一些让你精力充沛并且可以增强技能的事情。认真对待你安排时间的方式——如果你在醉生梦死中虚度时光，你肯定会在工作结束后疲惫不堪。工作和生活之间的平衡非常重要，但我承认我浪费了很多清晨和周末的时间，没有把它们用在副业或者全职工作上。

不论你的工作是什么，如果你不能在工作上得到最高水平的补偿，你就肯定会落于人后——不论是对于全职工作还是对于临时工作，你都需要具备足够的知识并且对你的个人价值充满信心。每个人都要学会争取合理报酬的协商技能，虽然起初总会有所顾虑，但是，一旦你习惯了提出要求、获得合理报酬，你就能从长远角度得到更多钱。（不管怎么说，你都在工作。为什么不尽量多赚钱呢？）

# 如何获得丰厚报酬

#1

清楚你期望工作的合理/有竞争力的薪酬。考虑你的年龄、经验水平、所在地以及工作类型，然后在 Glassdoor 和 Payscale[1] 这类网站进行查询。你也可以直接询问已经处于行业内的人，邀请对方共进午餐，探听情报，或者可以访问互联网——红迪网[2] 或者雅虎网（Yahoo）！关于某个工作的具体薪资，互联网上有大量的回答，而且你可以匿名提问！

#2

做好准备，就对方提出的报价进行协商，记住：一、你可以协商的范围不仅限于钱（或许你希望一周在家工作一两天？）；二、协商是自信的专业人士的标志。永远不要因为协商而感到羞愧。保持积极态度、放慢脚步（你总能要求多些时间考虑报价——实际上，你就应该这么做），永远不要被最初的报价冲昏头脑。即便对方的报价看起来很高，你也要保持冷静。

[1] Payscale 是一家美国薪水调查网站。——译者注

[2] 红迪网（Reddit）是美国社交新闻网站，用户可以浏览、发布或转载帖子。——译者注

#3

不论你是为了起薪进行协商，还是准备提出第五次加薪申请，不要和你的同事比较，不要掺杂个人因素，不要拿离职做威胁。做好调查、提供你过去所获成就的细节信息并且提前预演你要说的话。你的报酬应该和你的表现相关，与他人无关。

#4

在你提出升职之前，你的表现一定要体现出你能够胜任你所期望的更高级别的工作。残酷的是，你必须在当前的工作中表现超常，才会得到更好的工作；而且，即便你已经非常优秀，有时你可能需要换到另一家公司才能得到你想要的职位。

## #5

要想获得具有竞争力的薪资，最好的办法就是提高起点。这意味着如果你在同一家公司待太长时间，即便你获得了期望的升职，实际情况也可能对你不利。如果你的酬劳低于合理水平，此时正好遇到一个不错的机会，千万不要让忠诚感阻挡你做出正确的职业选择。慎重地离职并不是坏事。

## #6

为自己投资并且培养职业技能：参加线上课程，参与工作坊，或者邀请业内的资深人士喝咖啡或者吃饭。如果你希望成为对公司有价值的人，拥有与你的个人价值相匹配的工资，你就必须消息灵通并且快人一步，如此才能保持机敏并且无可替代。打个比方，你要一直让你的软件保持更新状态。

一旦你找到了在主业上保持优势的最佳策略，考察了日常工作之余的所有可用选择，你就该考虑一下你追求这些机会的目的是什么，你想成为怎样的人，你如何达到工作和生活的平衡。这些年来，我在忙碌中逐渐意识到一些阻挡我完成任务清单的生活习惯，这些习惯让我战战兢兢、焦虑不安，就像是一只被拴在咖啡店外的意大利灰狗。我主要做了两件事情，这两件事让我在维持工作和生活的平衡中更加游刃有余。

## 1. 找时间睡觉

我强迫自己好好睡觉，养成早起的习惯。我并不是那种习惯早起的人，但我确实可以更好地控制自己的睡眠模式，在起床时感觉精力充沛。

## 2. 关掉电源

我喜欢社交，但在和我在乎的人在一起的有限时间内，我不会参与太多，而我也会因此感到空虚和不满。我的解决办法是：在与人相处时，我更加专注，进行线下接触，减少对电话或者电脑的依赖。当我和朋友在一起时，我强迫自己全身心投入。因为如果不刻意做出努力，我永远都无法从自己的小世界里走出去，而那些对我来说最为重要的关系也会受到影响。

说真的，在我开始运营 TFD 之前，我还把自己打扮得像个小孩。我把自己想得比实际年龄小多了，结果在参加会议或者进行演讲时我会感到不自在。其中的主要原因就是我不知道在这些场合该如何着装，甚至不知道如何在比我年长很多的人面前讲话。我永远也不会忘记那次一位导师把我拉到一旁，要求我在会议开始前换衣服，因为我的行头给人的感觉像个孩子。好吧，这是我的理解，她的措辞委婉多了。不过，我的打扮确实和自己所期待的干练精英形象不符。

在此之后不久，我开始了中性生活，通过这种生活方式，我将衣柜里 85% 的衣服换为风格中性、裁剪简单的百搭服饰，其中包括运动上衣、皮包和裸色高跟鞋。我想要一下子把所有让我看起来像孩子的百褶裙都处理掉，然后每天感觉自己是一名真正的职场女性。我采取激进的手段把衣柜翻了个底朝天，因为我胸怀大志——我要开始重大的人生飞跃。

为了打造一个像样的衣柜，以匹配我想要成为的那种女性，我在社交媒体上关注了几个做设计的大咖（尤其是针对职场风格），他们的分享让我感觉自己可以在这种事情上游刃有余，并且不再为此忙活一上午。他们让我觉得，只要我多花点心思，我就可以成为自己所期待的那种又时髦又年轻的商务人士。所以，自然而然地，我拜访了他们并邀请他们分享如何能整理出一个干练的职业人士的衣柜。

# 埃拉·塞隆
Ella Ceron

《青少年时尚》（*Teen Vogue*）

“数字西海岸”（Digital West Coast）主编

我在工作造型上没有秘诀，但我相信任何穿到工作场所的衣服都应该适合周末穿着。在不同衣柜放置不同服饰的做法很烦琐。其实可以简单地将衣物分为两类：大量百搭的黑色基本款品牌服饰以及所有其他的衣服。我并不在乎衣服的价签，因为我愿意在高品质上投资——但寄卖店和样品特卖可以让你用相对低廉的价格获得品质优良的产品。

## 埃拉的着装准则：

1. **鞋子总能提升着装的品位，而且鞋子质量越好，就能穿得越久。**将钱花在风格经久不衰的衣物上绝对物有所值。（质量好的高跟鞋穿起来会更舒服。）
2. **干练的发型也会为你的衣着形象加分。**（不过在理发上花很多钱也不一定有用，如果你已经遇到了心仪的发型师，一定不要放手。）
3. **一件好的夹克。**我超爱我的皮夹克，不过如果你有一件喜欢的双排扣外套或者风衣也行。不论你穿什么，它们都会让你立刻显得干练。

# 阿曼达·马尔

Amanda Mull

PurseBlog.com[1] 总编辑

我在工作着装上的主要目标是既能显示我的职业性，又能表达我的独特审美。我也注重舒适性，但我觉得这一点在职场穿着中被低估了。工作日往往忙碌而漫长，穿上能够让你长时间看起来自信、舒适的衣服会帮你消除潜在压力。

## 阿曼达的着装准则：

1. **一款适度彰显个性的包包。** 人们会注意到我们的包是因为我们经常提着同一个包，因此选择一款样式精致并且能够将你的个性传递给同事的包包非常重要。
2. **黑色短靴。** 靴子已经成了一种全年可选的时尚单品，拥有一双不错的中性百搭的靴子会让你在穿搭选择上更为轻松，而且看起来干练。
3. **一件好文胸。** 这可不是心血来潮，对于女性尤其是胸大的女性来说，拥有一件舒适合身、质量上乘的文胸会让你的其他衣服也显得更合身。

[1] PurseBlog.com 是一家美国的手袋博客网站。——编者注

标志性连衣裙

# 泰勒·麦考尔
Tyler McCall

Fashionista.com[1] 副主编

我为一家数字时尚媒体工作，这意味着我并不需要遵循标准的“职业着装”准则（谢天谢地，我穿短上衣确实不怎么好看）。在工作着装方面，我的做法主要是购买高档首饰和基础款服饰，它们可以让你不论穿什么都显得高贵。

## 泰勒的着装准则：

1. **高档手提包。**不一定非要买奢侈品牌，但高档的手提包能迅速让你显得干练。（备注：我用的是一款菲利林 3.1[2] 单肩包。）
2. **一件百搭的裙子。**不论你是做什么工作的，你都需要一件穿上以后立马变成霸气女老板的裙子。（备注：我有一件凯特·丝蓓[3] 的裙子。）
3. **彰显个性的配饰。**你的穿着打扮应该反映你的个性，让你可以自得其乐。我大爱平底鞋，所以在看到个性张扬的鞋子时总会花钱买下来。

[1] Fashionista.com 是一家美国的时装博客网站。——编者注

[2] 菲利林 3.1（3.1 Phillip Lim）是美籍华裔设计师林能平（Phillip Lim）与合伙人周绚文（Wen Zhou）于 2015 年一起创立的时尚品牌，因当年两人都是 31 岁，故将品牌命名为“3.1 Phillip Lim”。——编者注

[3] 凯特·丝蓓（Kate Spade）是一个以手提包、女鞋蹿红的美国品牌。——编者注

# 第4章

# 食　物

## 如何变身意大利祖母

要好好地吃饭，

就当自己是家中的贵客，

而不是一个你想要摆脱的

前任。

我对母亲的大部分记忆都和厨房有关。做饭并不是她唯一擅长的事情，但厨房似乎总是她的天地，而对我来说，厨房也曾经是个神奇又熟悉的地方。我几乎每天晚上都会坐在案台前或者跟在母亲身边，品尝、搅拌，到后来可以参与切菜，帮她制作大餐。在我的成长过程中，餐馆是罕见的奢侈消费，我也几乎没听说过预加工食品。

当我到朋友家做客的时候，我做的第一件事情就是扫荡他们的食物储藏室，狼吞虎咽地吃一堆零食。我惊讶我的朋友们可以想吃什么就吃什么，而且在生日聚会之外也能吃到恐龙鸡块和薯条。当我母亲总是给我们吃猫耳朵意面配椰菜的时候，我只不过想要一盒卡夫芝士通心粉。我对生日早餐的请求一直都是奶油干酪配草莓馅饼，我的许多朋友却似乎随时都能吃到这种异国风味的美食。

因此，根据我对身边朋友和同事的观察，我发现我们这一代人很多都畏惧在家做饭，大家觉得非常麻烦。这会深刻影响我们和食物的关系，更为直接的是，会影响我们的账户余额。那些逃避家庭煮食、不断点外卖的千禧一代过着一种毫不必要的奢侈生活。与之相反，我们也有“千禧一代美食家”，他们走到了另一个极端，以至于他们做的每顿饭看起来都像是美食节目比赛环节中展示的作品。美食家文化可能会吸引我们关注照片墙（Instagram）上晒出的大量漂亮的香辣金枪鱼卷照片，但并不能让我们养成一种可以负担得起而且又有效的日常饮食习惯。

我小时候时常抱怨母亲做的食物，如今我经常为此向母亲道歉。最重要的是，她抚养我的方式让我知道，为自己和家人做饭是每日生活的必要组成部分，而外出吃饭或者点外卖只是一种犒赏。这个观点与理财也颇为相关，在我小的时候，家里面临过严重的财务危机，在家做饭并缩减厨房开支对于我们渡过难关至关重要。学会烹饪并经常做饭首先是一种实用主义的做法，其次才和热情相关。我母亲是这样，我母亲的母亲是这样，我母亲的祖母也是这样。我的曾祖母来自那不勒斯[1]，她用一个大木勺子搅拌着美味的酱汁，又把大家庭安顿得井井有条。

学会做饭并把它当成日常必需，对我们的财务预算有着持续且重大的影响，这是生活中其他选择所无法比拟的（掌控厨房，你就控制了钱包）。当我们不再觉得食物一定要“诱人”或者看起来上镜，而是把它当成日常事情的时候，做饭就会立刻变得轻而易举。我们应该学学神秘的意大利祖母所使用的实用烹饪方法：她总是能用手头的食材、应季食物甚至快要坏掉的东西快速做出一顿美味；她会一次做很多量，把能够长时间保存的食物冷冻起来；她注重节制而不会贪恋特定饮食；她烹饪时取材丰富，但从不过量使用任何一种食材；她做的食物不仅容易饱腹、风味十足，而且花费不高（我母亲经常说，肉应该是一顿饭的点缀，而不是重点——也可能只是因为肉比较贵）。我保证，如果你能有意大利祖母的心态，把烹饪当成日常事情，你就能够迈入学会烹饪的正轨。

[1] 那不勒斯：意大利西南部港市，地中海著名风景胜地。——编者注

# 如何变身
# **意大利祖母**

1. 永远不要浪费食物。既然买了，就要想方设法吃完。
2. 从原材料而非每顿饭的角度考虑——你都能做出些什么？
3. 对于汤类、酱类、炖菜，总是要大量煮食然后冷冻存储。
4. 想着做好两份饭的量：一份当天晚上吃，另一份作为第二天的午餐。
5. 装满你的调味瓶，并准备足量大蒜。
6. 至少准备 10 个你可以在 30 分钟内完成的食谱。
7. 让肉成为餐桌上的客串，而非主角。
8. 购买或者烘焙面包的时候，多准备些食物冻起来。
9. 要懂得如何自给自足，懂得何时该避免麻烦。
10. 对于重要的烹饪日，记得准备一杯上好的红酒。

为此，我们制定了变身意大利祖母的10条戒律。

我们从现实生活中的意大利祖母（我的伙伴的祖母）那里收集了食谱和建议。所以，倒一杯红酒，把信用卡收起来，因为今天你不用花冤枉钱吃外卖。我们自己做饭！

当你决定成为一个“自给自足的人”时，首先要考虑的事情就是布置厨房。无论你住在哪里——宽阔的农舍，抑或拥挤的曼哈顿单间公寓——你所需要的基本工具都是相同的。你对布置厨房的积极程度可能是“除了吃外卖剩下的餐具外，厨房里再无其他”，也可能是“喝醉酒时会到 Sur La Table[1] 购买削皮刀缓解紧张”。就我个人而言，我明显属于后者，而且我知道自己心血来潮时购买厨房用品的习惯只能在事后造成深深的懊悔。我自己的第一套公寓非常小，淋浴只能安在厨房（真的！），但我还是去高档家具用品店买了一个薄荷绿的手持搅拌器。从那时起，我换过多个厨房，渐渐学会了如何提前做计划，并在买东西之前先考虑自己的需求。

你可能觉得，你朝朝暮暮都想买个华夫饼铁模用用，或者你想要3种不同的搅拌器和食物处理器，便于早上做奶昔，你可能还想买下所有样式的烤盘，用于做松饼、圆环蛋糕等等。所有这些东西都取决于你是一个怎样的家庭主厨，不过在我母亲看来——除了基本的炊具——不论个人饮食喜好如何，下面这些工具是每个精打细算的朱莉娅·蔡尔德[2]都会需要的：

当你的厨房配备了做饭所需的基本工具之后，你会做什么呢？

[1] Sur La Table 是美国知名的厨具公司，其名称为法语，直译为“在桌上”。——编者注

[2] 朱莉娅·蔡尔德（Julia Child）是美国著名厨师、作家及电视节目主持人。——译者注

## 富勒·亨特

Fuller Hunt

**切尔茜的妈妈，家务女神**

### 主要厨房用具

- **切肉刀**：这是一把多功能刀，可以用于剁肉、切菜。我做各类食物的时候都会用到它，还会用刀背拍蒜瓣。
- **面包刀**：用于切面包以及其他柔软、蓬松的东西。
- **木头砧板**：木头天然抗菌、不伤刀具，而且可以根据需要进行打磨。我用它的一面切肉，另一面切菜。
- **大搅拌盆**
- **高档不锈钢锅和平底锅各一个**：花钱买个质量好的炊具，并从最基本的锅具开始逐渐添加其他用具。
- **搅拌器**：在用油芡糊、淀粉或者面浆做酱料的时候必不可少。
- **擀面杖**：用擀面杖做面团省钱又方便，而且面团可以冷冻使用。另外，用擀面杖捣冰块也很方便。
- **磨碎器**：带有不同样式刀片的盒式磨碎器可以一举多得。
- **木铲**：用于搅拌和炒菜，而且不留划痕。
- **橡胶铲**：可以把碗里的东西刮得干干净净！
- **金属铲**：适用于炒菜，以及盛装各种烘焙食物。

- **钳子**：用来夹东西，最好带有隔热的橡胶柄。
- **削皮刀**
- **小型食物加工机**：我现在还留着我母亲 21 年前给我买的那一个，在需要进行大量餐前准备工作的时候（需要切大量不同东西的时候），它一直是我的救星。它可以做沙拉酱、醋油沙司、奶酪丝、香草碎，还能搅拌奶油。天哪，你还能用它做黄油！
- **量杯和量勺**：一个用来称量干燥的佐料，另一个用来称量液体。
- **烤盘和土司盒**：它们是使用烤箱的必备品。
- **厨房专用毛巾**：它们用途广泛，可用于垫热盘子、清理残局，而且可以降低纸巾的使用成本。
- **温度计**：有了它，一切（包括烤鸡和自制炸甜甜圈）都在你的掌控之中。

---

## 富勒的厨房用品购置原则

1. 先买一些常用的基本用具，在了解自己的烹饪习惯之后再添置其他东西。
2. 最好先买几样高档用品（平底锅、汤锅、托盘等），不要买一整套劣质厨具。
3. 可以在旧货商店、车库旧货甩卖或者搬家大甩卖上购买高档厨具和餐具——不是所有东西都得买新的！

此时的关键在于不要考虑具体的食谱，而要想想“如何用家里已有的食材做点什么”。如果为了做出你想做的食物，你还得出去购买所有原料——包括基本的调料和油，你很可能会说“算了，我还是叫外卖吧”。要想真正地享受居家烹饪，你不仅要用各种炊具把冰箱里剩余的食材快速加工成一顿饭，还得具备把它们做成美味的能力。

我们在 TFD 总结了每个家庭主厨在厨房里都应该配备的基本原料。这些必备品可以助你轻松搞定许多基本食谱，当你迷迷糊糊地回到家，不知道该做一份快炒意面还是点一份 30 美元的外卖时，我保证，它们能助你一臂之力，让你快速做出一顿美味大餐。

## 香草、调料和酱料

- **盐和胡椒**：没错，因为我们偶尔需要被提醒一下。用粗粒盐和新鲜胡椒来提升你的生活品质，事先磨好的胡椒实在不怎么样。
- **剁红椒**：如果你不知道怎么用剁红椒，你的意大利餐一定做得一般般。
- **肉桂**：把它放入咖啡、甜点里（没错！），你还可以把它放到很多的美味佳肴中。
- **普罗旺斯香草**：这种混合了多种风味的香草调料可以让包括烤肉和根类蔬菜在内的所有食物都更加美味。
- **鸡肉高汤**：每个人都需要具备快速做出浓汤的能力，所以准备一些高汤酱之类的东西吧。
- **咖喱酱**：养成做咖喱的习惯意味着你总能把蛋白质和蔬菜做成搭配米饭的美味。

- **辣椒酱、干辣椒**：你是不是无辣不欢？应该是！如果你爱吃辣，你就需要提升你的辣椒使用技能。
- **老湾调料（Old Bay）**：我是马里兰州人，所以我一定要告诉你，老湾调料几乎可以让任何食物变得更美味，尤其是爆米花。[1]
- **大蒜和黄皮洋葱**：想让所有菜的味道都更为浓厚鲜美却又不增加热量？请来点儿吧。

## 油和调味汁

- **橄榄油**：一定要用好的橄榄油，如果你觉得没什么区别，到谷歌搜索一下，劣质橄榄油会吓你一跳。
- **酱油**：酱油可以刺激你的味蕾，因为它会让食物变得鲜咸可口。手头一定得准备一瓶好酱油。
- **芝麻油**：想用香油替代橄榄油，让食物更加美味？芝麻油是不错的选择——不过不要用太多，只需一小勺，你就能感受到一粒芝麻的巨大能量。
- **醋**：为了让醋起到更好的作用，准备一些意大利黑醋、红酒、白酒、米酒。
- **上等芥末**：黄芥末能把天使都辣哭，上等芥末（不论是中式芥末还是法式整粒芥末）是很多美味酱料和调味品的底料。稍后还会细说。
- **料酒**：我经常说不要用你自己都不喝的东西做饭，理由有两个，一是好酒可以提味，二是你通常会在吃饭的时候顺便喝点酒！

[1] 老湾调料便是在美国马里兰州生产的。——编者注

## 烘焙用品

- **面粉**：下雨的周末，你是否想做一些奶油酱、饼干或者其他的精美点心？做这些东西都需要上好的面粉。
- **黄油**：没错，如果你经常用到黄油，你就要预备一些，把它放到案台上封好。冷冻黄油可是罪过。
- **糖**：疯狂一点，为不同的食物准备不同种类的糖！
- **发酵粉**：总有用到的时候。

你的厨房已经囤满，现在可以开始做饭了。不论是准备让朋友们大吃一惊，还是想在短时间内做一顿让自己心满意足的周日大餐，你都需要准备一些首选的食谱。我们认为有6种很关键的情形是你可以掌控的。在这些情形中，默认选择外出就餐或者点外卖固然容易，但却比较费钱；而你只需要有一个自己了如指掌的食谱，就可免去不必要的消费。这6种情形是：

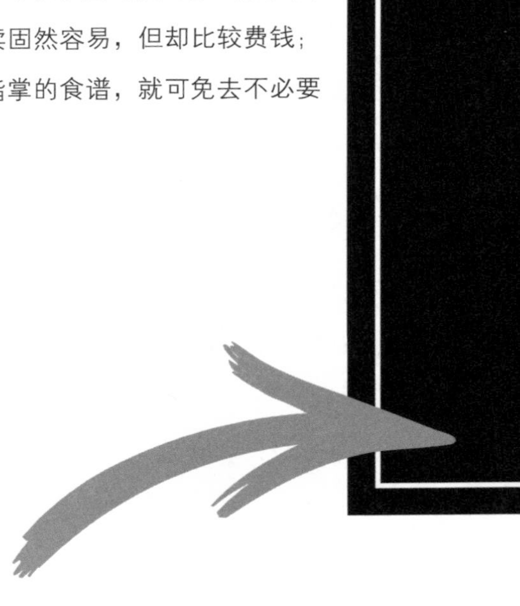

# 食谱

1. 鸡尾酒。

2. 可以利用冰箱中已有食材的食谱。

3. 可以大量烹制并且冷冻备用的食物。

4. 无须耗费一整天的周日大餐。

5. 惊艳但容易制作的点心。

6. 让你远离外卖的替代选择。

# 鲁比克斯普瑞兹

# The Rubik's Spritz[1]

[1] Spritz 是一款意大利鸡尾酒，以葡萄酒调制而成。——编者注

**准备时间：一夜；烹饪时间：5 分钟；分量：4 杯斯普瑞兹**

这是我和劳伦在浏览照片墙时一眼看到的一款饮品。我们在曼哈顿一家别致的酒吧里喝到了它。你需要准备一个大的制冰盘，如果你热衷于自制鸡尾酒，那些大冰块绝对有用。这款饮品一定会让人惊艳，让人怀疑“你是不是调酒师”，而它的具体制作过程几乎不费吹灰之力。

## 你需要准备

- 选择两款甜酒（我们喜欢阿贝罗、金巴利和圣日耳曼之类的[1]）
- 一瓶 12 盎司[2]的气泡水
- 一瓶 750 毫升的普洛赛克葡萄酒[3]
- 装饰物（柑橘切片、香草、浆果等）

## 制作这款饮品，你只需

- 将甜酒和气泡水按照 1:4 的配比倒入 8 格的超大制冰盘里。
- 拿 4 个大的红酒杯或者装饰杯，每个杯子里放入两块冰块。
- 往每个杯子中倒入 4 盎司的普洛赛克葡萄酒，再加入 1 盎司的气泡水。
- 根据所选的甜酒进行适当的装饰，然后上桌。

## 甜酒和香草的完美搭配

- 阿贝罗搭配迷迭香
- 金巴利搭配百里香
- 柠檬酒搭配薄荷

---

[1] 阿贝罗酒、金巴利酒和圣日耳曼酒均为烈性酒。——编者注

[2] 1 美制液体盎司 =29.571 毫升。——编者注

[3] 普洛赛克葡萄酒：一种原产于意大利的起泡白葡萄酒，风靡全球。——编者注

可以利用冰箱中已有食材的食谱

# 原味蛋饼

**准备时间：20 分钟；烹饪时间：40 分钟；分量：4~6 人份**

说到每个人闭着眼睛都能学会的备用食谱，原味蛋饼算是最为普遍的一种。在做原味无硬皮蛋饼时，从头到尾的制作过程仅需几分钟，而且几乎可以把冰箱里剩余的蛋白质、蔬菜和芝士都用上。成为居家大厨最重要的就是能够让手头的食材（冷冻室里、橱柜深处或者冰箱里快过期的食物）物尽其用，而在利用手头食材方面，没有什么菜谱能比得过无硬皮蛋饼。

这里所做的蛋饼用了葱、香肠和羊乳干酪，不过你还可以用培根、土豆、菠菜或者希腊乳酪等各种食材作为填料。蛋饼里放什么都好吃。

## 所需食材

- 涂抹烤盘用的黄油
- 3 根葱，摘好洗净后切丝
- 3 瓣蒜，切碎
- 8 个大鸡蛋
- 2 盎司（半杯）罗马羊乳干酪粉
- 1 勺法式芥末
- 3 根意大利甜肠，去包装后碾碎
- 橄榄油（可选）
- 盐和胡椒，用于调味
- 半杯全脂牛奶

## 做法

- 将烤箱预热至 375 华氏度[1]，在 9×9 英寸[2]的方形烤盘中涂抹一层黄油。
- 将碎香肠放入中高温的大煎锅中直到出现拔丝，继续烹制 8 分钟，

[1] 华氏度 =32+1.8× 摄氏度。——编者注

[2] 一般 1 英寸 =2.54 厘米。——编者注

然后取出香肠，保留底油。

- 在煎盘中放入葱丝，按需添加适量橄榄油，以免炒煳。烹制 2 分钟后，一边翻炒葱丝，一边加入大蒜。加入少量盐、胡椒调味，快速翻炒至葱蒜变软、熟透，总共用时约 6 分钟。
- 在炒葱和蒜的同时，在一个大碗中放入鸡蛋、牛奶、3/4 的干酪粉、芥末以及一点盐和胡椒，搅拌均匀，放置一旁待用。
- 待葱、蒜、香肠混合并完全煮熟后，加入鸡蛋混合物。搅拌均匀并倒入准备好的烤盘中，然后在上面撒上剩余的干酪粉。
- 将蛋饼烤制 40 分钟或者等到蛋饼变为金褐色并熟透。
- 取出后静置 10 分钟，待放凉后切开上桌。

# 加餐

## 至尊醋油沙司

在蔬菜沙拉中倒上切尔茜的秘制醋油沙司，和蛋饼搭配食用。要想做出醋油沙司，只需将下列材料混合：

- 3 勺醋
- 2 勺油
- 1 勺半酱油
- 1 勺半蜂蜜
- 1 勺芥末酱（中式和法式芥末均可）
- 几粒黑胡椒

可以大量烹制并且
冷冻备用的食物

# 妈妈牌暖心红豆米饭

**准备时间：30 分钟；烹饪时间：1 小时；**
**分量：约 6 夸脱[1] 汤，2~4 人份，其余冷藏**

适当冷冻食物是“生活方式”上的重大改变，它可以影响你的预算——你可以在购物时选择更多优惠的产品、批量买入，这样你就不会轻易被外卖诱惑，因为家里总有等待解冻的美味。想要成为“冷冻食品大师”，你可以将我成长过程中经常吃的一道主食作为入门之选，此处稍作改良，它非常适合大量煮食并冷冻，以备寒冷冬夜的不时之需。我将其命名为：妈妈牌暖心红豆米饭。

## 所需食材

- 一包意大利辣味香肠（大约 6 根）
- 1 颗大头黄皮洋葱，切碎
- 6 瓣大蒜，切碎
- 2 罐 15 盎司[2] 的红芸豆，沥干水
- 1 张羊乳干酪皮或帕尔玛干酪皮
- 2 杯咸鸡汤
- 2 杯生大米
- 1~2 勺橄榄油
- 2 个绿灯椒，切碎
- 盐和胡椒，用于调味
- 1 罐 15 盎司的鹰嘴豆，沥干水
- 1 盒 32 盎司的无盐鸡汤料
- 2 勺蒜蓉辣酱
- 羊乳干酪粉或帕尔玛干酪粉，用于装饰

[1] 1 美制湿量夸脱≈ 0.946 升。——编者注
[2] 1 盎司 =28.350 克。——编者注

## 做法

- 将碎香肠放入大平底锅中，高温快炒直至出油，待香肠变焦。大约需要 8 分钟。
- 将香肠取出，放置一旁，然后在香肠底油中加入足量橄榄油铺满锅底。调为中火，加入洋葱、绿灯椒，炒软后等 2 分钟，加入大蒜。
- 将所有蔬菜放入锅中快炒，加入一点盐和胡椒，继续翻炒直至所有蔬菜变软。大约需要 8 分钟。
- 取一口大汤锅，将香肠、红芸豆、鹰嘴豆、干酪皮和蔬菜一起放入，合炒 3~4 分钟。
- 倒入无盐鸡汤料、咸鸡汤和蒜蓉辣酱，搅拌混合。盖上锅盖，用中低火慢炖 30 分钟左右。
- 在炖汤的同时，按照包装上的说明准备米饭，并稍微用盐腌渍。不要将大米放入汤中，否则会烹煮过度。
- 30 分钟后，尝一下汤，并加入适量盐和胡椒调味。

## 食用

在汤碗里铺一小份（大约半杯）米饭，然后舀几勺汤，最后在上面撒一些现磨的羊乳干酪。

## 储存

取一半做好的汤，晾至室温，然后分为 1~2 份冷藏。当下次食用时，只需重新加热，添加一些现做的米饭即可。

无须耗费一整天的
周日大餐

# 玛米（Mamie）的鸡肉……

**准备时间：20 分钟；烹饪时间：大约 1 小时 15 分钟；**
**分量：4~6 人份**

说起在烹饪方面对我影响最大的人，除了我的母亲，就是我伙伴的祖母玛米，她培养了我对烹饪的热爱，让我知道了和食物建立牢固联系的重要性。玛米是一位祖籍意大利的农妇，一直生活在法国南部，喂养动物，照料葡萄园和庄稼，她在风景宜人的农舍里招待你的每一顿简餐都会让你历时多年也难以忘怀。她所遵循的烹饪哲学非常简单：使用上好的应季食材，尽量物尽其用，不浪费一点一滴。如果有人问她："你怎么做的这么好吃？"她的回答总是："哦，没什么，我就是随手做的！"当她制作那道最受欢迎的经典菜——香烤蒜味鸡配薯条的时候，我和劳伦就在一旁专心致志地看着（上菜时，她还会配上焯熟的豆角，当然用其他蔬菜也可以）。这个食谱很简单，而且容易操作，非常适合和几个关系要好的朋友在周末享用。在家做这道菜，就像是买了一张最廉价的机票，却可以感受到法国南部的风味。

## 所需食材

- 一只中等大小的优质整鸡和鸡内脏
- 10 瓣大蒜
- 盐和胡椒
- 几块发干的法式长棍面包，稍微切碎
- 2 勺植物油或者菜籽油，不要用橄榄油
- 捆绑鸡肉用的绳子
- 1 勺黄油或动物油，比如鸭油
- 半杯低钠鸡精或者鸡汤

## 做法

- 预热烤箱至 375 华氏度，将鸡肉放入一个大陶瓷烤盘中。
- 制作馅料的时候，先将大蒜去皮拍碎，和鸡内脏一同捣碎，同时放入足量盐和胡椒。在大蒜混合物中加入面包碎和一勺植物油。将其全部填入鸡腹，然后捆紧（就是拿厨用针线将整只鸡绑紧——网上有很多相关教程）。
- 用黄油和植物油的混合物涂抹鸡身，并抹上足量盐和胡椒，确保涂满鸡的全身。
- 根据鸡的大小确定烘烤时间，直到全部熟透，鸡身变得金黄。一定要用鸡汁涂抹鸡身至少 3 次（为了确定熟的程度，我会从鸡身和大腿之间切一块肉，看看是否有汁液流出。你也可以用肉类温度计量一下内部温度，大约 170 华氏度为宜）。取出鸡肉，在切开之前需等待至少 5 分钟。
- 将鸡肉直接在瓷盘中切成 4 份，让汁液流入盘中。然后将切好的鸡肉放到砧板上，再完全切开。在瓷盘中加入鸡汤，将粘在底部的肉粒溶化。将全部汤汁倒入漂亮的碗里——作为卤汁，可以浇在任何食物上或者用来蘸面包。（从鸡身内部取出的蒜味面包块也应该单独放到小碗中，和卤汁一同食用。）

# 玛米的经典薯条

**准备时间：30 分钟；烹饪时间：每批 10~12 分钟；分量：4~6 人份**

## 所需食材

- 10 个中等大小的黄皮土豆，削皮后放在大碗中，用常温水淹没
- 1 瓶 32 盎司的菜籽油或葵花油
- 盐
- 1 盒大约 8 盎司的鸭油或其他动物油

## 做法

（关于油炸技巧的视频，打开 TheFinancialDiet.com/BookResources 的链接）

- 制作这一经典薯条的关键在于刀工——坦白地说，得让它们有模有样。玛米的技巧非常简单：将土豆纵向切成两半。取半个土豆握于手中，切面朝上，将土豆由边缘向中心斜切成楔形。不过，不要完全切开，而是在快切到中心的时候，让其崩裂，这样不规则的边缘会在煎炸的时候鼓起——在油锅里像是一个个酥脆的小枕头。
- 在鸡肉烤到一半的时候，开始准备炸薯条。
- 把土豆削皮后放到一大碗凉水中，然后按照玛米的方法切条。切好后，将土豆条放回碗中，继续浸水。当所有的土豆条切好之后，在荷兰炖锅或者其他炸锅中倒入油，加热到 375 华氏度。先用几根土豆条试验一下，记得在油炸之前先将土豆条沥干！土豆条放到油锅之后，会立即浮起来并开始冒泡。待油温正好，将土豆条分 4 批放入，每批土豆条炸 10~12 分钟，直至颜色变得金黄，表皮变得酥脆。盛出后直接放入铺有纸巾的盘中，撒一些盐，趁热食用。一定要在薯条上撒一些卤汁尝尝。

# 青柠派

**准备时间：10 分钟；烹饪时间：20 分钟；分量：6~8 人份**

人人都需要一道可以让人感觉美妙的甜点，它做起来几乎不费功夫，只需很少原料，却能带给你在美味大餐之后为大家奉上一道自制甜点的愉悦感。这里介绍的两款甜点是我们的最爱，它们只需很少的原料。我们保证，第一次尝试你就能做好。

## 所需食材

- 4 个大鸡蛋黄
- 1 罐 12~14 盎司的加糖炼乳
- 半杯青柠汁（大概需要 5 个中等大小的青柠）
- 1 勺半青柠皮用作填料（可选），再加 1 勺半青柠皮用于装饰
- 1 个全麦饼酥皮（也可自制）
- 1 杯高脂奶油
- 2 勺精制细砂糖（普通砂糖的话，一撮就够）
- 1 勺香草精

## 做法

- 将烤箱预热至 325 华氏度。
- 做馅料的时候，先将蛋黄、加糖炼乳和青柠汁混合——仅此三样！你也可以根据个人口味加入 1 勺半青柠皮，使味道更清爽。
- 将馅料倒入饼皮中，然后烤 20 分钟，或者一直烤到馅饼开始颤动且内部紧实、边缘微微金黄。
- 在烤制馅饼的同时，将奶油、糖和香草一同搅拌，直到奶油硬性发泡。
- 待到馅饼完全冷却，在上面敷上一层厚厚的发泡奶油，再将 1 勺半青柠皮点缀在上面。好好享用吧！

# 巧克力慕斯

准备时间：10 分钟；
烹饪时间：15 分钟 + 几小时的冷却时间； 分量：6 人份

## 所需材料

- 2 杯高脂奶油
- 8 盎司巧克力（你可以用黑巧克力或者牛奶巧克力，也可以根据个人偏好的甜度将二者混合）
- 1 勺香草精
- 可选：橙皮、薄荷精、覆盆子果浆、辣椒

## 做法

- 在中等大小的炖锅中放入奶油，用中火加热至轻微冒泡。
- 用手持搅拌器打发巧克力至完全融化，然后加入香草。（如果你觉得不够甜，可以再加一些精制细砂糖。）
- 如果你想给巧克力添加一些额外风味，比如橙子或者薄荷，可以在这一步骤中加入。
- 将混合物倒入隔热容器，冷却至室温，然后放入冰箱直至完全冷冻。
- 将巧克力放到冰凉的碗中搅打，直至比奶油稍微厚重一点。
- 在食用前将打好的巧克力静置至少 15 分钟。
- 装在小碗或者杯子中食用，并根据个人口味加以装饰。

让你远离外卖的
替代选择

# 10分钟泰式罗勒[1]鸡

烹饪家谱

## 《生活的锅碗瓢盆》

《生活的锅碗瓢盆》（*The Woks of Life*）是我和劳伦最喜欢的美食博客——里面的食谱不仅美味诱人而且便于操作，即便身在世界各地，你也可以像是大家庭中的一员，参与博客内容的维护和更新。下面这道菜是博客中最受欢迎的，可以满足初学者点外卖的欲望。

[1] 罗勒：一种药食两用芳香植物。——编者注

**准备时间：3 分钟；烹饪时间：7 分钟；分量：4~6 人份**

## 所需食材

- 3~4 勺油
- 3 根胡葱，切成薄片
- 1 磅[1] 碎鸡肉
- 2 勺酱油
- 1/3 杯低钠高汤或水
- 3 个泰式或荷兰辣椒，（根据需要）去籽
- 5 瓣大蒜，切片
- 1 勺糖或蜂蜜
- 1 勺鱼露
- 1 捆泰式罗勒叶

## 做法

- 开大火，在锅中放入油、辣椒、胡葱和大蒜，翻炒 1~2 分钟。加入碎鸡肉，翻炒 2 分钟，将鸡肉分成小块。
- 加入糖、酱油和鱼露。再翻炒 1 分钟，然后加入鸡汤。由于是大火，所有汤汁会很快蒸发。加入泰式罗勒叶，炒软后关火。食用时配米饭。

## 这里还有一个 10 分钟分解版方案

**第 1 分钟**：悠闲地打开冰箱，取出一包碎鸡肉。然后切 3 根辣椒，不必在意刀工。

**第 2 分钟**：剥皮并切 3 根胡葱。小妙招：切掉两端，将胡葱从中间纵切一刀，然后顺势剥掉外皮。对了，如果你找不到胡葱，也可以用红洋葱代替。

**第 3 分钟**：延续之前步骤的节奏，准备开始切 5 瓣大蒜。提示：用刀背拍一下蒜瓣，会让剥皮更容易。

**第 4 分钟**：在大火上热锅（记住是大火，不是中高火），然后加入几勺油，

[1] 1 磅≈ 0.453 6 千克。——编者注

# 玩转杂货店的 **小窍门**

购物时自备两个袋子，一个专门装农产品，另一个装其他东西（这种做法可以让你购买的食物更健康、少肉类、少加工，从而比较便宜）。

储备一些便宜、容易饱腹和存储的东西，比如干谷物类、罐装豆类、冷冻蔬菜、高汤。

认识一下菜市场的肉摊老板，尝试用肉类做出更多花样（比如，鸡大腿和鸡胸肉价格便宜、味道好而且做法多）。

**永远不要在感到饥饿、头晕或者生气的时候出去购物。**

养成在网上成批购买洗漱用品和清洁用品等的习惯，这几乎总比在杂货店购买更加方便划算。

$$$

学会购买降价销售的物品，并在可能的情况下冷冻食物。

永远不要毫无目的地购物（至少要计划好一周所需的食材）。

再放入切好的辣椒、胡葱和大蒜。

**第 5 分钟**：让油、辣椒、胡葱和大蒜在锅中自己出味，偶尔翻炒一下。

**第 6 分钟**：加入碎鸡肉并用铲子将其分开。

**第 7 分钟**：继续炒鸡肉，直到变色。怎么变得这么快呢？答案是：随着时间的加长，炉子的温度也会增高。

**第 8 分钟**：撒一些糖、酱油和鱼露，然后将锅内的东西一同翻炒。发现没，你就是个厨房天才！

**第 9 分钟**：加入鸡汤，溶化锅底肉粒，然后放入泰式罗勒叶。

**第 10 分钟**：基本上大功告成了，继续大火翻炒，待汤汁煮干、罗勒叶变软后关火。

**配上你最爱的米饭一起享用！**

作为居家主厨，你需要掌握几个基本的食谱，并在厨房里备好你最需要的东西（包括工具和食材），这就意味着你要时刻做好准备。如果为了做出一个四星级水准的菜品，你需要亲自跑到菜市场购置所有食材，然后千辛万苦地搜寻一堆美食博客，那么你的内心一定会拒绝做饭，并且觉得做饭并不是成人生活的一个自然组成部分。你一定希望“随便往锅里扔几样东西”就能做出一顿美味，而不是在厨房搞得鸡飞蛋打。成为一名“意大利祖母”，并不需要你掌握多少个可以晒到社交媒体的复杂菜式，而是要让你在厨房感到如鱼得水、事半功倍。

# 第 5 章

# 家

## 如何让住所舒适宜居

# 打造一个风格成熟的家

聊聊我租的第一间公寓吧——好吧，如果从技术角度来讲，那只是一栋房子里的一个房间。我当时和三个“哥们”租住在马里兰州郊区的一栋两层楼的大房子里，里面有游泳池、餐厅大小的吧台，还有舞池。这种房型，不论是在性别方面还是布局方面，都说明了两件事：房子里总会举办聚会，我的房间是我的女性避难所。对于房子其余部分的布局，我没有发言权（一是因为它们属于我的室友，二是因为我没钱添置家具或者出钱进行装饰）；对于何时何地举办聚会，我也没有发言权。有一次我回到家后，发现浴缸里有一整只死猪——他们准备举行烤肉派对，而我却毫不知情。这座房子大多时候都是乱哄哄的，永远都在举办电子游戏比赛，交杯换盏，以及在泳池里进行漂浮投杯球游戏。

这也意味着我那间仅能容纳一张单人床和一张桌子的小卧室是我唯一能够表达自己审美和放松身心的地方。我以为放松就需要一些蓝色，那时的我只是一个 20 岁左右没有品位的傻丫头，于是我就把墙面刷成了蒂凡尼首饰盒的颜色，结果就是自作自受。我多希望当时有人能告诉我，把墙面刷成具有视觉冲击力的蓝色会让房间显得狭小、幽闭，不过那时的我肯定也听不进去。我行我素的结果就是，亮蓝色的房间里挂着巴洛克风格的黑白窗帘（千万别问我为什么），摆着一张设计复杂怪异、比我的桌子矮了 6 英寸的工作椅，还有几个我当时能买得起的宜家配件。

我的房间设计妨碍了我所购置物件的实用性，而我当时竟然对这种荒谬的居住空间引以为豪，现在想想真是尴尬。不过，我也非常怀旧，当我们第一次离开家搬到外边时往往都是如此。那个房间的设计粗陋且令人压抑，窗帘看起来像是维多利亚时期妓院里的东西，可那是我的窗帘，我很喜欢它，更重要的是我对那里的一切都满怀感恩。

打造一个让你感觉美妙的家是你给自己的一件礼物（我的拙见），这会不断影响你之后的生活（没错，你可以把这句话写到问候卡上）。你心爱的卧室里应该有一个由你精心打理、井井有条的衣柜，这将节省下更替被磨损衣物的费用。如果你的厨房温馨、实用、结构完备，你就会愿意做饭，从而省掉在外就餐或点外卖的费用。如果你的卧室精巧舒适，你就能更加放松自在，从而享受到聚会中所没有的乐趣（比喝酒和在餐厅吃饭便宜多了！）。如果你的浴室有些禅意，布置着蜡烛且干净整洁，你会希望花些时间在家做个水疗（SPA），而不会为了美丽非要去高档会所。

如果你按照自己的生活方式打造你的住所，并且享受待在那里的感觉，好处就太多了。另外，学着满足于你所创建的空间会让你不再花钱追逐对家居配置的不切实际的期待。提醒自己要知足并且尽量积极地面对自己的家，这点非常重要。为了有一天可以拥有自己的房产，我现在需要在租房上做出牺牲，不购买难以负担的东西，这是一场公平交易。购买家具或装修时，要仔细思考何时投资、在哪里投资，并接受自己不能一下子拥有所有的好东西的现实，但这并不意味着我不能享受当下。

对大多数人来说，我们的大部分预算都花在了住上，而且住所在许多情况下算是一项投资。所以在面对家居决策时，我们应该像对待其他消费选择一样深思熟虑。如果你是那种拥有清晰购房目标的人——这在理财方面通常是明智之举，虽然具体成本和收益会因你所居住地区的不同而有所差异，但你必须在开始行动之前尽早做规划。你必须省钱，在租房选择上量入为出，这样你就能在买房时交上首付，即便这意味着你在租房期间需要克制自己的欲望。

在我们讨论（当时机成熟时）购置物品的细节之前，你需要先搞定租房，因为很少有人是从父母家搬出去后直接住进个人房产中的。这听起来也许有些激进，但你要记住，作为租客，最重要的事情就是自我保护。你要在所在城市中找一所价格合理的房子而不被人欺骗，当你初到某个地方的时候更要如此（在网上找当地人聊聊并进行大量调查！）。如果你有中介，要确保和他们协商好中介费，而且在找到合适的地方之前，要求他们带你多看看不同的房子，可别觉得不好意思。

当你入住的时候，拍照并记录房屋的状况，在搬离的时候也要拍照记录。如果你是和他人合租，最好将你的名字写在租约中（如果没有合法的居住记录，如果室友或房东耍心机，你就会缺少法律依据）。当你和房东或者中介联络时，一定要采用书面形式，以便可以保留对话记录——并确保每笔租金都有记录。作为租户，你应该有礼貌、有责任心；而作为房东，他们应该维护房屋的状况并提供给你应有的权益（如保证正常的水电气暖，在房租到期时交还押金）。保持积极谨慎并记录下所有发生的事情是保障个人权益的唯一方式。这听起来似乎要做很多事情，但作为租户，你通常需要回应其他人（房东、管理员、物业）的临时召唤，所以提前保护自己会减少将来不必要的麻烦。

下载资源 

# 我应该租这套房吗

（房子是否适合你，不仅有关它是否招人喜欢，还涉及价钱和优先考量等长期问题）

□ 房租是否少于或相当于我月收入的 30%？

□ 是否有中介费？

□ 如果是，能否进行协商？

□ 房租是否包括了水电费？

□ 是否可以养宠物？是否需要付费？

□ 能否在线支付房租？

□ 房租是否固定不变？

□ 如果房屋需要修缮，我应该联系谁？

□ 我是否需要担保人？

□ 是否需要联署人？

□ 必要时，能否毁约？后果是什么？

□ 对于看房时应该注意的问题，我是否做了调查？例如：水？电？网络？电话服务？门窗是否符合标准？是否对现有的损坏做了标注和确认签名？

访问 TheFinancialDiet.com/BookResources 进行下载

“当我开始把家当成自己真正在乎的地方时，我才开始切实地对自己充满信心。家是令我骄傲的自我延伸，而不是让我尴尬的羞耻窝。”

当你确定了自己的住处之后，你就需要打理它。从现实角度讲，我们布置和维护个人居住空间的方式决定了我们的预算。如果掌握一些基本的手工操作和设计的能力，你就可以自己搞定家具改装，选择合适的配色方案并进行简单的修缮，而不用一周给管理员打5次电话。你的生活还会因此过得更加轻松舒适。

要想成为心灵手巧的人，第一步就是配置一些家用维修工具，并学会如何使用。不论你正处于购房进程的哪个环节，你总是需要有一些工具，并且了解它们的用途（而且最重要的是，你得能安全使用这些工具，不会害死自己或者伤了别人）。为了找到完美的新手工具箱，我求助了我的母亲，从我会走路时起，她就一直忙于家里的各种事情。

## 富勒·亨特
Fuller Hunt

**切尔茜的妈妈和家务女神**

### 每个居家女性都需要切尔茜妈妈的工具箱

1. **拔钉锤**：如果你想挂一幅画或者拔掉一颗旧钉子，你就需要一把好用的锤子。我喜欢用带手柄且可以更换锤头的实心金属锤。
2. **11 合 1 螺丝刀**：家里有很多活儿，包括组装平板式家具，这种时候用电钻的话未免有些小题大做。不论要做什么活儿，称手的工具总能让你更加轻松，所以一定要准备多种选择。
3. **手持型锯子和斜口锯箱**：如果没有这些工具，你就很难切出直边和斜接（两块木头形成的结合点，即拐角），而且你还可以用锯子完成很多其他工作。
4. **水平仪或气泡水准仪**：你可能需要确认一些东西是否水平。我觉得 10 英寸的水平仪非常好用，但在关键时刻你也可以下载一个水平仪 App 来应急。
5. **鲤鱼钳**：用于夹持物体或者拧出卡住的物体。
6. **针头钳**：当你觉得鲤鱼钳太大、使用不便时，你就可以用针头钳来代替。当你需要两种反作用力时，你就可以将针头钳和鲤鱼钳配合使用，比如，用于打开卡住的东西。

**7. 卷尺**：不再赘述。

**8. 无线电钻**：对于一些重复性劳动或者需要大量扭转的工作来说，这个工具就是个救星。它可以变身为磨砂机、打孔钻，如果再配上合适的配件，还能用作减震器。尽量选择轻型的（不能忽视质量）——有很多“最佳无线电钻”产品可选，如果选择了拿着费劲儿的电钻，你可能会使不上力。

**9. 各种螺丝钉、挂钩和钉子**：1.5 英寸和 2 英寸的粗纹墙面螺丝、4~5 本尼威特[1] 的无头钉有很多用途。

**10. 剪子**：还用说嘛！

**11. 护条和遮蔽胶带**：这两种工具有很多功能。当你害怕损坏某个表面时，可以使用遮蔽胶带。如果需要更强大的粘贴力，你就需要使用封口胶带。

[1] 1 本尼威特 =1/20 盎司。——译者注

# 你应该掌握的基本家务活

1. 换灯泡
2. 修马桶杆
3. 使用电钻
4. 通下水道
5. 拧紧漏水的管道或水龙头
6. 找螺栓
7. 修缮墙面的孔洞
8. 组装宜家家具

[优兔（You Tube）是你的朋友！]

自己动手完成一些日常修理可以帮你在长期和短期省下很多钱，而且自己修缮和改造家里的旧物也会有很多好处。正如你可以通过逛旧货市场来升级自己的衣柜物品一样，你也应该光顾一下旧物拍卖会，淘一件其貌不扬但真材实料的梳妆台并把它改装得焕然一新。我们都能拥有自己渴望的漂亮家居风格和设计，也能拥有让自己保持高效和条理的家居空间，而不必将自己的大部分工资都花在西榆公司[1]的商品上。

在打造风格成熟的公寓方面，我的策略有两条。

## 1. 你不能放之任之

所有善于做预算的家务女神都必须掌握一些基本工具和手工活，因为这意味着你不用"一想要精美漂亮的家具就得花大价钱购买"，而是能"把从宜家、世界超市[2]或者庭院旧货出售中购买的物件改造得精美漂亮"。如果你会打磨、粉刷、使用电钻和锤子将一些木片黏合、给物件上添加金属脚等，你基本上就掌握了打造精装修空间所需要的所有技巧。

我翻新过很多家具，数都数不过来，我曾经通过刷白、添加金色点缀和贴纸将我所租房子的厨房橱柜从"奇丑无比的蛋黄酱油毡"改造为"乍一看可以以假乱真的咖啡木"，这让我颇有成就感。我知道自己不会一夜之间就拥有属于自己的完美住所，但我养成了根据外形、尺寸、价格和功能挑选家具的习惯，而且我认为任何东西

---

[1] 西榆公司（West Elm）是美国一家高品质现代家具零售商。——译者注

[2] 世界超市（World Market）是美国一家专业连锁 / 进口零售店。——编者注

在颜色和组装方式上都可以改变，所以就打开了一个任由我装扮的世界。比如，当我和劳伦搭建 TFD 办公室的咖啡台时，我们恰好在从一家酒吧散步回家的途中发现了一辆木制橱用推车。经过清洗、用力打磨、刷白，我们就有了一辆别致亮眼的小推车，早上就可以在上边煮咖啡。在添加了其他几件实用的物件后，我们的办公室中原本只有一堵墙的位置突然多了一间迷你厨房。

## 2. 你必须坦诚面对自己的实际需求

当你掌握了变废为宝的技巧之后，你面临的最大挑战可能就是“不能操之过急”。不要仅仅因为有的东西看起来漂亮，或者能够满足你对理想公寓的幻想，你就落入陷阱，购买自己实际上并不需要的东西。对我来说，最危险的地方是厨房，因为在家做饭是我的一大爱好，我可能会为自己的每次采购找出一个目光短浅的借口，“这是我犒劳自己的，应该的。”

如今我越来越善于确定自己的实际所需，更重要的是，我可以等到住进自己的公寓一段时间之后再重新确认自己的需求。这意味着我可能会在住进新房子一年之后才敢胸有成竹地说“嘿，我们应该在门边放一张高的桌子”。如果我再花 6 个月时间找一张上述的高桌子（并且把它 DIY[1] 成可爱风），那就正合我意了。如果你认为你需要把所有心仪的东西买回家来填充自己的生活，那么你必须放弃这种想法，因为它会榨干你的账户，让你的生活变得一片混乱。我一年两次的大清理证明，生活中绝对不缺没用的小玩意儿。不论

[1] DIY：即 Do It Yourself，意思是“自己动手做”。——编者注

你认为自己在购物上已经多么精简，你需要处理掉的东西很有可能比你需要的还多。

一旦你掌握了这两种装扮新家（或者翻修后的家）的思维模式，你就要开始制定预算了！（刚刚搬进新家的时候最需要做预算，但即便是已经入住的地方，也应该纳入你的消费规划中）。理想情况下，每个房间都应该有单独的预算（这是除去搬家成本之外的费用，因为即便你只是租房，搬到新住处这种事在纽约也要花上几千美元）。一些设计类的博客或者杂志上有很多别人做好的成品，你或许会觉得如果没有专业设计师，仅凭有限的收入，自己永远不可能把眼前的东西改造得像模像样，但是只要你做了合理预算并且有耐心，那么一切皆有可能。

为了掌握物美价廉的设计，我和“梦想绿色 DIY”博客（Dream Green DIY）的卡丽·沃勒（Carrie Waller）聊了聊。卡丽是一名设计师、博主，还是一位全能的 DIY 天才，她热心地分享了她在家居装饰方面的心得。

## 卡丽·沃勒

Carrie Waller

**“梦想绿色 DIY”的创建者、设计师、博主、全能 DIY 天才**

---

### 成为精打细算的装饰大师的 10 条法则

1. **慢慢来**：如果着急定下设计方案，你通常会在之后为自己的选择追悔不已。没有什么比不假思索地做出投资却在一两年内又改变主意更糟糕的事情了，所以要慢慢思考你在窗帘、家具、床上用品和灯具上的选择。

2. **购买二手物品**：在当地旧货商店布满灰尘的废弃货物中淘到一件完美的物件时，你会非常有成就感。你可能需要到某家古董店跑好几趟才能找到那件独一无二的家具，但是当你成功地找到它的时候，你需要花的钱只是零售店价格的一小部分。而且你还能讨价还价！我的开场白一般是问店主：“我看那件东西的标价是 ×× 美元，它还能便宜吗？”如果你想要达成一笔划算的交易，你还要面带热情的微笑！

3. **遵守严格的色调选择**：选择一个包含两三种颜色的设计方案可以减少家居装饰购买的需求，保证装饰组合的相互协调。当每件单品搭配得天衣无缝时，买家往往不会后悔，而且严格的配色选择还有助于保持家居风格的统一。

4. **成为优惠券高手**：在你喜欢的连锁零售品牌店购买产品时，优惠券能帮上大忙。问问自己，你这个月是否一定要拥有那盏台灯？如果等到下个月，你也许就可以用五折甚至二五折的价格买到同款台灯！所以，下载一些App，订阅店铺邮件，并注意查收优惠券和活动通知，以确保你买到超值的东西。
5. **寻求朋友的帮助**：想要重新粉刷一下卧室或办公室的墙壁，让它们焕然一新？不必请专业油漆工，你可以给好朋友发信息！你们俩不一会儿就能把房间粉刷一新，而且成本不过是一罐油漆的费用。其他可以和朋友一起搞定且几乎不花一分钱的家务活动包括：景观改造、更换门把手、整修家具表面、安装窗帘等等。有了好闺蜜，谁还需要包工头？！
6. **搜寻平价版的设计师产品**：当你翻阅设计师产品目录时，常常会蠢蠢欲动，想要挥霍一番。不过，一定要抵住诱惑，千万不要把你对整个房间的预算挥霍在一件昂贵的沙发、台灯或者抱枕上。相反，把产品页撕下来并在逛古董店和折扣店的时候把它放到你的包里。你很可能会找到一件类似的物品，价格只需要原来的很小一部分，而且这件物品还可能是独一无二的。
7. **进行圈内交易**：你一定听过那句老话，“一个人的垃圾可能是另一个人的宝贝”，这句话也适用于在朋友圈交换家居装饰。给你最亲近的几个朋友发一封群邮件，邀请他们带上闲置或者淘汰的家居装饰品聚到你家，一边分享比萨饼和红酒，一边进行一场友好的交易。让所有人把带来的物品放到一张空餐桌上，然后每个人都可以拿走吸引他们的东西。你不需要花一分钱，就能轻松地换到饰物，装扮你的梳妆台、桌面或者咖啡桌。

8. **在家里淘宝**：如果你想购买一套窗帘或者一个咖啡盘，可别抓起钱包就直奔商店。先花 5 分钟时间，在家里的不同房间走走。你说不定可以从自己家里找到你想买的东西，稍微做些巧妙的改动就能让旧物变身，而且不用花一个子儿。

9. **打造你的个人墙艺**：大型零售店里卖的抽象画、黑白摄影、装裱拼贴画之类的东西，都标着高昂的价签。相比把钱花在批量生产或者价格不菲的艺术品上，你可以从工艺品商店买一块空白帆布（当然要用优惠券买！），然后在上面泼洒一些丙烯颜料！你还能根据自己独特的审美和色彩偏好定制你的作品；而且你肯定是地球上唯一一个拥有这幅作品的人。

10. **只买你心爱的东西**：这应该不用多说，但有时候在商店看到时髦的枕头、别致的小雕像或者工艺品，我们会顿时把预算和实际需求抛到九霄云外。你要在购买产品之前深思熟虑，问问自己是真的喜欢它还是为了赶时髦。仅购置你真正喜爱的东西会让你的房子更像一个家。

“仅购置你真正喜爱的东西会让你的房子更像一个家。”

# 卡丽的作品展示

你现在已经掌握了居家手工活的基本操作，掌握了如何按照预算为自己设计完美的住所，接下来就该进入本章最为惊心动魄的部分了：购置房产。我们不能一刀切地建议所有人都去买房，因为我们不清楚你的生活、你所处的情况和你的欲望，而且也不该由我们来告诉你，什么是你该做的“重大财务决定”。但我们可以确定，拥有个人房产对许多人来说都是一项有价值的财务决策。房子既是我们的日常居住场所，也是一项投资——很少有哪项投资会有如此立竿见影的作用。但拥有个人房产这件事，对于千禧一代来说，似乎有些过时了。

- 相比之前的几代人，千禧一代购置居所的比例下降了 20%。
- 千禧一代购置居所的人数在 2016 年达到历史最低值。
- 对于千禧一代偏爱的市区，如今那里的房价比人们曾经梦寐以求的郊区更贵。

虽然这些关于我们这一代人、我们的债务以及低就业情况的数据有些冷酷无情，但我们并非注定失败，并非只能到处打零工、住在破烂的公寓中，直到某个远房亲戚被货车撞了，留给我们一笔遗产，从此改变我们的命运。我相信，如果你想拥有自己的房子并下定决心从现在开始做好预算规划和工作决策，你就很可能达成目标。如果你想从事一份副业，为交首付做准备，那就做吧！如果你打算减少每月的房租支出，以便尽快攒钱，那就行动吧！如果你想搬到一座有大量的房产升值机会的城市，那就去吧！关键是你不能像对待很多财务决策一样，把买房的任务推给未来的自己。你必须将它看作自己为之积极努力的目标，而不是一个不切实际的白日梦。

## 积累信用的 3 种快捷方式

1. 设置信用卡自动支付账单，这样你的信用卡就能每月全部还清。你的信用卡使用会收到自动好评，这还能为你要支付的账单积累免费积分。
2. 仔细浏览你的信用报告，还清所有未偿贷款——即使是一张旧的商店专用信用卡上欠的 20 美元也要还清！
3. 增大你的信用额度和你实际使用的信用之间的差距：可以开一张新卡，或者在提升目前信用卡额度的同时减少消费。

# 我能买下它吗

- 我能负担多少钱的房子？

  ——使用住房抵押贷款负担能力计算器来确定你应该购买的房子。

- 我能够负担多少钱的首付？

  以一套房子 25 万美元为例，进行计算：

  ——3.5% 的联邦住房管理局（Federal Housing Administration，简称 FHA）贷款（一种可以帮助首次购房者的特殊政府贷款）是：8 750 美元

  ——5% 的首付是：12 500 美元

  ——20% 的首付是：50 000 美元

## 备注

根据你所申请的住房抵押贷款方案，指定的最低首付额也不一样。

- 我的信用评分是多少？
- 我的年收入是多少？
- 我每个月还多少贷款？
- 我的住房抵押贷款期限是多久？利率是多少？
- 物业税是多少？
- 业主保险是多少？
- 购房后，我是否还有足够的钱？

## 切记

- 你应该将 3~6 个月的钱攒起来，以备支付紧急状况下产生的账单。另外，专家指出，业主平均每年要花费房价 2.5%~3% 的费用进行房屋维修保养。所以，每月要划出一部分钱，用于不可预测的修缮费用。
- 考虑其他和搬家相关的成本：打包、托运、验房、产权服务、产权保险、信用评分费用、贷款申请费、家居装饰费等。
- 良好的信用评分是获得住房抵押贷款优惠的关键。信用评分会影响你能否获得房贷，你的信用评分越高，就能获得更优惠的利率。740 分以上的信用评分可以让你获得最为优惠的利率。

即便你资金充裕，买房也并不容易。为了确保自己能够做出最佳选择，你需要一个类似于投资顾问的向导。埃丽卡·辛查克（Erica Sinchak）是TFD的老朋友，她是联邦储蓄银行（The Federal Savings Bank）的副总裁、全美认证的购房顾问。她会告诉我们如何了解自己是否在经济方面做好了购房的准备。

“买房最让人头疼的地方在于它需要你做大量算术。”

## 埃丽卡·辛查克
Erica Sinchak

**联邦储蓄银行副总裁、全美认证购房顾问**

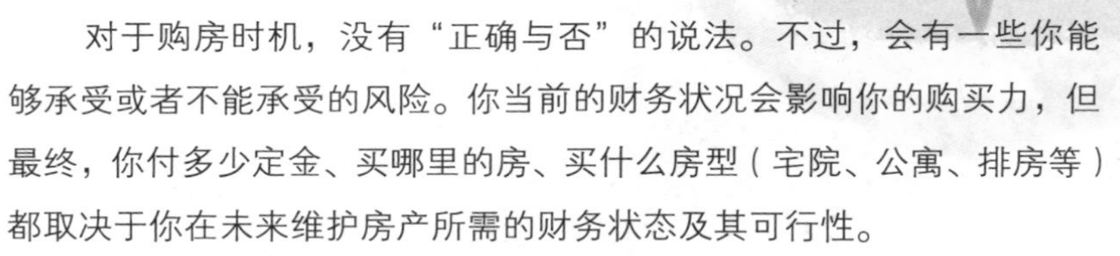

### 问：你如何知道自己是否在财务上做好了购房准备？

对于购房时机，没有“正确与否”的说法。不过，会有一些你能够承受或者不能承受的风险。你当前的财务状况会影响你的购买力，但最终，你付多少定金、买哪里的房、买什么房型（宅院、公寓、排房等）都取决于你在未来维护房产所需的财务状态及其可行性。

买房其实不难，你可以只付 3.5% 的首付（实际房价的 3.5%）！在做决策的过程中，你应该将未知的未来花销、生活方式以及经济形势都考虑在内。购房时面临的风险在楼市危机之后已被详细记载，对此你应该予以考虑——在买房时也要量入为出，这和信用卡的使用是一样的。此外，每个业主的消费能力不同，支出情况也各种各样。

当考虑购房时，你应该询问自己：

- 如果没有工作，你还能坚持付款多长时间？
- 如果财产税增加，会怎样？
- 你想要多久之后卖掉你的房子？
- 必要时，你能否接受亏本出售？
- 你是否已准备好支付将来可能会有的大宗花费（屋顶、火炉、空调）？

· 你会付钱给服务商，由其来完成日常家务吗？

美国各地人们的生活方式和他们所处的房产市场中存在许多变量和财务风险。研究一下你所在的地区，了解一下所有的变量因素。将这些变量货币化，以便在应对何时能真正“做好购房准备”以及你现在和将来应该具备的财务状况等问题时做出成熟的决策。

## 以下是所有购房者都应该考虑的基本财务原则

· **收入稳定性**：一般的建议是，你需要在一份工作或者同一行业中至少工作两年。这样的话，你是否更容易找到另一份工作？

· **储蓄状况**：一套房子的最低首付是3.5%，但你预先支付的越多，你的住房抵押贷款条款就越优惠。你还应该持有能够支付未知花费的储蓄。你得证明你有攒钱的能力和品质。

· **信用状况**：努力获得处于“良好”范围内（700+）的信用评分，这样你才能获得最优惠的住房抵押贷款利率。如果你过得非常拮据，不得不依赖信用卡购物（而且还不能在月底还清欠款），那么你可能得等到能够掌控自己的花销之后再考虑买房。

好消息是，在美国许多地方，住房抵押贷款低于房租！

## 问：需要注意哪些住房抵押贷款问题？

对于在哪里办理住房抵押贷款以及听取哪方建议，你可能会感到不知所措！我的建议是找几个不同的贷款方问问（地区级和国家级银行，以及你所加入的信用合作社）。找一个你信任的、收费合理的且利率较低的公司。不要被低于同行的先期利率或浮动利率蒙蔽。在住房抵押贷款这种复杂的商业行为中，要相信“天上不会掉馅饼”。

找到你心爱的住所，明智地租房或者买房，掌握一些家居护理常识和技能，这些会是你在掌控预算和未来方面迈出的一大步。生活成本是预算的大头，它通常反映着我们配置资产的方式。掌握这些东西并不可怕（也不难！），反而会让你感到放松。我们不应该当巨婴，在居住的地方玩过家家。我们应该像成年人一样，拥有两把刷子和 5 年计划，这样我们就不会被细小的问题彻底迷惑。掌控自己生活方式的感觉棒极了——相信我。

# 第 6 章

# 爱

## 成为米兰达，别学卡丽

“没有什么事情比为了钱财而建立一段关系更遭人唾弃。”

毫不夸张地讲，自 16 岁起，我把《欲望都市》（*Sex and the City*）的每一集都看了大概 15 遍。可以说，在很多方面，我是在卡丽（Carrie）、萨曼莎（Samantha）、米兰达（Miranda）、夏洛特（Charlotte）[1] 的指导下进入了成年期，通过她们了解那些人们羞于开口询问的问题，并从她们犯的错误中吸取经验。我羡慕她们的装扮，幻想着和一群自信快乐的单身女性在纽约的生活。当我在 20 多岁搬到纽约的时候（那时的我比《欲望都市》的女郎们还年轻 10 岁），我拥有一段长期稳定的关系，但并没有一帮像她们那样的姐妹淘——拥有丰厚的可支配收入和开放的情感状态，可以夜夜巡回在新开的俱乐部，喝着马提尼。简而言之，我在纽约的生活基本上是普通人的常态，我发现——任何在这里住了一周以上的人也会有同感——卡丽的世界只属于百万富翁，剧中她拿着二流报纸专栏作家的薪水就能过上这种生活，这种形象的刻画是一种误导。

作为一名居住在纽约的作家，我可以确定，即便是风险资本家投资的新兴媒体公司里报酬最为丰厚的编辑也不可能过上卡丽的生活，更别说 1998 年写清单体两性文章的人了。《欲望都市》所描绘的世界纯粹是幻想，像简·奥斯汀的小说一样，这个世界是普通女性无法到达的。不过，这并不重要，不论别人怎么说（因为我坚

[1] 这是美国电视剧《欲望都市》里的 4 个主人公。——译者注

信说那种话的人并没有真正看过这部电视剧），我始终认为《欲望都市》太精彩了。我觉得——看4个40多岁的女人公开谈情说爱，拒绝建立稳定关系，不愿完全依赖一段关系来定义自我，这比我们在电视上看过的其他东西都精彩。可以说，那些女主人公之间的友爱才是真正的爱的故事——很多时候，那些快速进入又快速离开她们生活的男人只是次要的。不论你是喜欢史蒂夫（Steve），讨厌艾丹（Aidan），还是毫不掩饰地欣赏特里（Trey），这些都不重要。（在最后那个阵营我可能是孤身一人，但我确实很喜欢那个俄罗斯人，所以我已经习惯了别人在听到我的想法后一惊一乍。）重要的是，你会对这些女人的生活故事和个人幸福深深着迷。当萨曼莎确诊癌症时，你哭了。当夏洛特穿上那件伊丽莎白·泰勒款的长裙赶上参加布雷迪（Brady）的生日时，你高兴地叫了起来。当卡丽蓬头垢面地到"大人物"（Mr. Big）的办公室借钱以保住她的公寓时，你心头一震。

"等等，姑娘，这有失体面。"你心里这样想，好奇为什么卡丽的财务生活总是像一条刚被抓住的鱼，在渔船的木板上挣扎打挺，渴望着氧气。或者这只是我的想法，但我们都应该反思一下。当女性自我实现的时代尘埃落定，我们不仅要反思这部电视剧展现的浪漫故事和两性问题，还要好好思考一下剧中出现的财务问题。我们不能仅仅嘲笑剧中主人公入不敷出的生活，嘲笑剧中对纽约不切实际的刻画，嘲笑各个主人公每年在手包和鞋子上的巨大花费。我们得挖掘各个角色和金钱以及独立之间的微妙关系，因为她们肯定不仅仅是随身携带安全套那么简单。我们知道人必须拥有投资、购房、养老之类的目标和梦想，而不是仅仅和其貌不扬的离婚律师坠入爱河。

这就是为什么不管卡丽的衣橱多么时尚，或者她的放纵生活多么让人艳羡（她曾以两种不同的身份和一位由布拉德利·库珀[1]饰演的年轻人约会了两次！），我们都不应该效仿她。夏洛特也不行，因为她的长期财务策略似乎只是“勾搭有钱人，然后勾搭能够帮他摆脱旧爱的有钱人”。效仿萨曼莎还明智一些，虽然她的个人生活有些放荡不羁、难以捉摸，但她的职业和财务安全总是无懈可击。她紧紧把握着自己的命运，清楚自己想要什么，这无可厚非，即便这意味着某个礼拜二她会在拿下两个7位数的订单之间和快递男大干一场。

不过，我认为最能反映TFD人群所渴望的生活方式的是米兰达。我花了很长时间才意识到自己很像米兰达，仅凭服装部门似乎对她恨之入骨这一点也能说明我跟她很像。但我就是这样！我和米兰达一样，喜欢渔夫帽、风衣和套头毛衣，我跟她几乎在各个方面都像。我承认自己会顶着一头乱蓬蓬的红头发、胡乱涂抹上焦茶色的口红，就准备去征服世界。我是那种热爱工作、爱朋友（但如果她们狂妄自大，我也会直言不讳）的人，我喜欢按部就班地生活。如果像米兰达意味着没有漂亮的婚纱或者奢华婚礼来展示我对另一半的爱，那我也可以接受。如果我得为了建立自己稳定的生活而推迟自己童话故事般的爱情结局，那就顺其自然。如果我因为吃了一周奥利奥

[1] 布拉德利·库珀（Bradley Cooper）是美国男演员，2009年因主演电影《宿醉》而成名。——编者注

而在和朋友们吃早午餐的时候显得浮肿，好吧，那又怎样。所以，拥抱你内在的米兰达吧（但千万不要学她从垃圾堆捡烘焙食物吃的那段）。

TFD的读者务实、悟性好、目标明确，而且不断追求更好的自己。她们在必要时会直言不讳，她们乐意和他人交换自己的信用评分信息，也愿意和人们谈论她们前一天晚上在葡萄牙大使馆杂物间发生的风流韵事。所以，我们都是米兰达，这可是件好事。在金钱和爱情方面，米兰达一丝不苟。她会因朋友不负责任的财务选择而责备他们，在财务方面和伴侣划清界限，除非他们认定了彼此，即便如此，她也会主导重大决定，因为她够格。对米兰达来说，金钱就像是中规中矩的橄榄色圆领羊毛裙，绝非儿戏。我们也应如此，尤其在对待爱情或者其他关系时。在平衡金钱和爱情之间的关系方面，我们都应该努力做到相互坦诚，为对方考虑，并严格保持个人界限，要知道谈钱并不会让我们显得不通情理——不谈钱却会让我们像个白痴。

你很可能认为有了持续的共识和认同，一段关系就会自然顺畅，但事实上，这只是幻象而已。即便当事双方都成熟开放、相互尊重，如果一方比另一方更有钱，会怎么样？如果一方失业了，会怎么样？如果一方需要借钱或者只索取、不回报，又会怎么样？在金钱方面，两个人之间可能出现各种各样的问题，如果在感情生活中遇到财务问题时不能保持冷静，或者彼此不能公开坦诚地面对财务问题，这最终只会让你受伤。

再说说朋友关系，不论是一对一之间的关系还是一个大的群体中的关系，收入差距和财务关系也会带来难以克服的困难。通常，为了避免朋友之间形成财务上的嫌隙，我们完全不讨论钱，认为提及那些硬生生的数字、财务目标或者财务背景会让我们疏远某个人——但这种沉默反而会加剧朋友之间的尴尬，让大家觉得无法坦诚相待。两个收入或者消费习惯完全不同的朋友不可能通过忽略差异就奇迹般地和谐相处。缓和这种局面的唯一方式就是直面问题，像对待其他事情一样开诚布公地谈谈。

不论是在社交方面，还是在感情方面，对话都是解决差异和克服恐惧的关键，但率先提出问题的难度极大。如果我们在吃上午茶的时候提出薪水问题，会不会突然让对方觉得我们是粗俗、爱妒忌的混蛋？谈论这些事情不应该有风险，但即便在这个持续沟通和过度分享的时代，金钱仍是大多数开放人士不愿谈论的事情。

安娜·布雷斯劳（Anna Breslaw）是一名作家，还曾是《大都会》（*Cosmopolitan*）的编辑。在和她畅饮普洛赛克起泡酒时，我询问了她对“谈什么都别谈钱”这一现象的看法。她说：“我在《大都会》做了两年多的编辑工作，见过很多严重的个人关系问题。我们对话题的态度是‘不做评判、来者不拒’，即使这样，我们也几乎没有

“这听起来可能有些疯狂，但人们确实可以开放地谈论性，却不愿谈论钱。”

听过与金钱有关的问题，除非我们刻意地寻找。这听起来可能有些疯狂，但人们确实可以开放地谈论性，却不愿谈论钱。”

这种比较似乎有些荒唐，但许多人在谈论两性问题时的随意恰恰衬托了我们在讨论金钱问题上的拘谨。我们会轻松地说“女人需要高潮”，但不会认为（或者说出）“女人在一段关系中应该拥有独立的应急基金”。在情感生活和性生活方面，我们能想出上千个界限和标准，但在财务方面我们却毫无原则。

我曾经避讳和朋友尤其是男朋友谈钱，因为我觉得这样做说好听点有些庸俗，说难听点会不招人待见。此外，我从不把财务问题带入一段关系中，所以当涉及长期规划时，我会受到当时交往对象的影响。直到我开始经常谈论金钱，清楚如何管理自己的钱之后，我才意识到人与人之间应当拥有相同水平的尊重和开放。如果我有一个几乎无话不说的朋友，唯独认为金钱是“禁忌”而从不讨论数字或者目标，那我们能亲密到哪儿去？如果和我相处的对象不愿意把财务规划作为我们生活的一部分，那我们能有什么未来？当我意识到谈论钱和谈论性（当双方相互关心时，基本上会谈论任何事情）一样都是健康关系的一部分时，我克服了恐惧，可以在喝上午茶时和朋友敞开心扉谈论任何事情。这意味着在过去的几年中，我的亲密朋友圈已经只剩下那些能够坦然谈钱的人——不过，这是好事。

如果你能公开坦诚地谈钱，你在工作上会变得更加自信，在个人目标和习惯上也会更加严格地要求自己，并且能更清楚自己的消费习惯是否健康。由于和朋友谈钱，我在工作上获得了满意的薪水；由于和伴侣在财务上相互坦诚，我创立了自己的事业。你需要公开谈论并提出问题才能获得更好的两性体验，同样，你的财务生活会因你的坦诚而有所改善。

当我刚开始思考与人谈钱的心理时，一个名字反复出现在我的脑海中：奥利维娅·梅兰（Olivia Mellan）。奥利维娅是“和谐理财”（Money Harmony）的创始人，同时也是财务矛盾解决领域的心理治疗师和引领者。她在这一问题上写过（包括与人合作）5 本书，针对人际关系中的财务问题提出了许多常识性的观点，甚至还有一个以她命名的财务沟通“定律”。她的透过财务健康来处理朋友关系和两性关系的理论简单实用，几乎适用于任何人。我们有幸请她参与了本章的问答环节。下面是她给出的关于沟通、独立和适可而止的最主要观点。

## 奥利维娅·梅兰

Olivia Mellan

**“和谐理财”的创始人、心理治疗师、作家**

### 问：你认为人们在财务关系中的最大问题是什么？

一般来说，两个最大的问题是：一个“花钱大手大脚的人”遇上了“花钱斤斤计较的人”，或者一个“着急赚钱的人”嫁给了一个“逃避赚钱的人”。你可以猜想到，这些性格类型往往息息相关。这种两极分化的关系极为普遍——由于我长期谈论在财务和其他方面存在的配偶两极分化模式，人们开始称其为“梅兰定律”，具体内容是“如果相反的两方不能一拍即合——情况通常如此——那么他们最终将改变对方”。这是财务关系中的普遍现象：天生不同的个性会相互驱动，并随着时间的推移而变得更加突出。因此即便是两个“花钱大手大脚的人”在一起，他们也会争着成为“超级挥霍者”，相较之下另一方则会开始省钱。普遍来说，两人只有通过平衡这些差异并向中庸发展，才能形成一段幸福的伴侣关系。

### 问：你觉得为什么如此多的伴侣因为钱而分手或离婚？

过去 30 年来，财务问题一直是造成美国人离婚的头号或者二号原因。主要原因是，对大部分人来说，钱并不仅仅是钱。钱还代表着爱、权力、安全感、掌控力、自我价值、自尊、自由和幸福。正因为钱是一个被赋予了很多情感的符号，人们无法在这方面做出理性的决策。为此，我改编了哈维尔·亨德里克斯[1]的“镜像模仿练习”，在这里把它教给大家：第一步，镜像模仿——尽量逐字逐句地复述对方所说的内容；第二步，确认——从对方的角度表达他们所说内容的有道理之处；第三步，共情（“我想你可能也觉得……”）——真正进入对方的内心世界。在谈钱的时候，你一定要像谈论其他感情问题一样带着同理心，因为对于大多数人来说，钱承载着很多情感。

**问：除了经常设身处地地沟通，你认为在处理一段关系中的财务问题时最重要的策略是什么？**

所有女性都需要有自己的钱！所有女性都需要有自己的钱！所有女性都需要有自己的钱！重要的事情说三遍。我这么说，是因为在一段关系中，女性面临的主要挑战就是给予了过多而失去了自我，在财务方面更是如此。大多数女性渐渐完全投入到了她们的新身份和作为伴侣的角色中。我认为保留一些自己的钱是没有在关系中完全迷失“自我”的重要且实际的象征。再者，许多希望在一段关系中合并财务的男性遇到的最大挑战是学会如何合并财务。男性通常在建立和维持联系方面有困难，而合并财务是他们表达自己对亲密关系的渴望的一种深情的方式。

---

[1] 哈维尔·亨德里克斯（Harville Hendrix）是美国畅销书作家，他与妻子共创了意象关系疗法（Imago Relationship Therapy）。——编者注

**问：在朋友关系中，最大的财务冲突是什么？**

实际上，朋友之间有两种截然不同的财务状态——向人借钱和借给人钱。这并不是说这个问题无法克服——可以克服的。两个拥有不同财务背景的人完全可以拥有一段美妙的友谊，但前提是他们必须坦率地处理双方之间的这种差异。他们必须承认差异并坦诚地沟通，因为假装差异不存在只会带来不适和需求上的冲突。设身处地的沟通才是维持友情和任何重要关系的关键。

**问：这是不是意味着朋友之间永远不要借钱？如果两个朋友之间的收入差异巨大，有钱的一方是否绝不应该向另一方提供财务上的帮助？**

老实说，我觉得你是可以而且有时候也应该帮助朋友，但事实是，如果你借给朋友钱，你就要乐于把那笔钱看作馈赠。如果你希望对方能够按时如数归还，你就不要出借，因为这将是关系受损甚至破裂的根源。

---

**奥利维娅解决任何关系中的财务问题的步骤**

- 找一个轻松的时间谈谈钱。
- 开始时先分享一两点对对方的赞赏——不一定和钱有关。
- 每个人分享一些自己原生家庭处理财务问题的方式。另一方应该感同身受地倾听，不能打断。
- 分享各自的期待和梦想，以及恐惧和担忧。重述对方所说的信息，重述从对方角度出发看起来合情合理的事情以及对方的感受。

- 在分享了感受之后，再开始讨论“事实和数字”。
- 同意不因财务问题而攻击对方或者相互责备。
- 以赞赏对方的方式结束谈话。

当我们和自己爱的人谈论钱的时候，我们会暴露出很多问题。即便我们并不根深蒂固地认为钱是禁忌话题，我们也会认为如果一段关系本身良好且稳固，钱这种问题自然会迎刃而解，因为牢固的情感关系应该可以抵御任何“实际”问题。不过，正如奥利维娅·梅兰所说，关于钱的问题几乎从来都不是理性的，不论一段关系在情感或肉体上的体验是多么美妙，它都不能魔术般地克服生活中的所有琐碎问题。在浪漫关系中是如此，当然在友情中也是如此。

有很多朋友关系都是，在建立之初时双方往往拥有相似的财务状况，但是经过仅仅几年之后，他们的社会地位就发生了巨大变化。当他们在大学宿舍一起吃拉面，一起喝塑料瓶装白酒时，他们可能情投意合，但当一方背负沉重债务、薪水微薄，而另一方年纪轻轻就拿着6位数的工资且几乎不担心任何债务问题时，这些朋友会怎样呢？他们还是原来的人，他们喜欢彼此的原因可能也没变，但如果期待他们不必严肃对待并克服新出现的财务摩擦，未免不合情理。即便只是不同的假期打算——“我这个夏天想去西班牙度假”和“我这个夏天想攒点儿钱”，这些朋友也可能会遇到无穷无尽的未知问题。

这就是我们为什么必须提醒自己不要担心和爱人甚至朋友谈钱。在一段爱情关系中，很多时候我们不得不谈钱，比如，当我们准备住到一起或者购买大件物品或者要结婚的时候。伴侣关系意味着我们必然要面对钱的问题，即便你坚持认为谈钱是个尴尬的话题。相比之下，我们对朋友关系这方面更容易轻描淡写，我们会劝自己不要把问题说破，认为那才是真正的错误。我们可以自己决定是否要直面这种想法，和朋友聊聊这些问题，尽量保持开放坦诚，因为如果没人指明问题，两人之间的尴尬就只会肆意滋长并扎根。把你的担心大声说出来，它们会突然柔和下来。

我特别崇拜的一个人一直以来不得不面对大量财务上的尴尬，过去两年中她公开谈论了这个话题。她就是阿什莉·福特（Ashley Ford），一位位于纽约的多产作家。她在印第安纳州长大，幼时家境近乎贫困，如今已经跻身文学界的上层，和业内辨识度最高的人们联系密切。一个人要想在写作领域有所发展，社会经济地位就要跟得上，这一点可能会让许多人受到打击。但阿什莉一直都有坚定地处理好这些问题，而这就需要经常谈论钱。

在某种程度上受了TFD和我们过去几年所做沟通的影响，阿什莉开始写作，并在生活中对财务差异保持开放态度。她直面这些差异：是的，她的成长环境确实和很多纽约人不一样。不过，那并没有什么关系：她的伴侣的成长环境相当优越，她的一些朋友几乎都是百万富翁，她们赚的钱是她母亲曾赚过的最高数额的好几倍。所有这些情况都可能让她感到惭愧、尴尬、不安或者羞耻。但阿什莉不卑不亢，她对金钱的态度完全坦诚，从而避免了这些潜在的地雷。她和我谈论了自己是如何处理一些关系中的财务问题的，可谓知无不言。

# 阿什莉·福特
Ashley Ford

作家

**问：你出身贫困家庭，现在游走于背景富庶的关系圈、朋友圈和社会经济圈，是否感到过尴尬或者低人一等？**

哦，我确实困惑过，因为别人在小时候和年轻时候就拥有我所没有的东西，或者他们能够去国外上大学。我无法理解能够出国上大学是怎样的感受，因为我在上大学的时候总是兼职两份工作。我的另一半在小时候和十几岁的时候就能出国旅游，有时候当他谈论起自己的经历时，我几乎可以感受到自己的态度有一点儿刻薄。我会说："哦，你 17 岁的时候就看遍了金字塔，乘船游览了尼罗河。"这种话有些伤害他的感情，因为他有这样的机会并且以此为荣，而我不得不平定自己的情绪。由于自己的轻率对待，我有些放任这种差异在我们之间形成裂痕。

**问：你是否认为这种轻率的态度是因为你觉得这种成长中的优越感几乎被看成了一种道德或者文化上的成就？比如，资源多的人比别人强？**

绝对的。我为一家国家级杂志写的第一篇文章是关于我去英格兰了解勃朗特姐妹的事情，那是我第一次出国，在那之前我从来没有出国的机会。我在文章中谈到了自己的兴奋，然后很多人就说："作品很精彩，但你的意思是那是你第一次出国？你 28 岁时才第一次出国吗？"事实上，我那时候 29 岁了。然而，我现在所处的圈子并不理解很多人一辈子都没出过国。但是大多数人都是如此。我母亲从未坐过飞机，而这种情况也并不罕见。

## 问：你是否认为自己过去几年乐意谈钱是因为有一个社会经济背景和你差异很大的伴侣？是这种关系迫使你谈论钱吗？

有一些关系。另外的原因是我有几个比我赚得多的导师。比方说我的导师罗克珊·盖伊（Roxane Gay），她比我赚得多，而且总是在生活上接济我，这是大实话。还有，我和莉娜·邓纳姆（Lena Dunham）是朋友，这意味着我必须习惯于从完全不同的角度看钱，不介意让别人替我付钱或者不会为此感到愧疚——当我们外出时，有人付钱是很正常的，但如果你出身贫寒，你可能就会心存芥蒂。而当你承认"嘿，我们只是在财务状况上有所不同，没什么大不了的"，你就能泰然处之。

## 问：你的关系圈里有没钱坐飞机出行的人，还有身家百万的人，你觉得什么是克服这种潜在问题的关键？

我会说，不要小题大做。当你和他人谈论钱的时候，不要把它当成禁忌话题。只要你正常交谈，人们也会把它当成一件正常的事情。当我和人们正常谈钱的时候，从来没人断然回绝我或者不愿意谈论。目前为止，每个人都非常开放，他们表现得非常坦诚，甚至很愿意谈论这个话题。人们都希望谈谈钱的问题，只是没人和他们谈。人们害怕提起这个话题，但说实话，如今我都无法想象不谈钱会是怎样的情况。

和自己爱的人谈钱可能有些难以启齿，但这或许也是最能让人释然的事情之一。我们都不愿意沦落到许多浪漫喜剧女主角的结局——为我们的财务状况感到困惑，虽有成百上千双精美奢华的鞋子，却没有养老保险，只能迫切地等待有个男人帮我们搞定一切。我们也不希望慢慢地把自己的社交圈削减到“只剩下和自己工资水平完全一样的人”，因为那有违常理。在处理某段关系中的财务问题时，我们应该拥抱一种更为实用谨慎的米兰达式的方式。我们必须不畏后果，不要担心别人是否认为你“没有幽默感”，因为你会发现，不当面谈钱并不是玩笑事。总而言之，要想以同理心处理好朋友之间的财务问题，脑海中就要记住一个关键问题——舒适度。

我们必须清楚自己在谈论财务问题时可承受的舒适度范围。我们觉得什么是“正常的”？我们认为什么是“没啥大不了的”？我们的生活标准是什么？我们能够接受的消费水平是怎样的？我们拥有怎样的安全网，以及我们的财务前景如何？我们是否在债务中挣扎？有没有积累起拿得出手的财富？你是赚的远远超过6位数，还是拿着新教师的薪水苦苦挣扎？当你知道事情是如此简单时，你就会清楚开启对话的责任在于你自己，比如提出为一些东西买单或者恰当地分摊某项付款。你要承认，并非每个人都必须拥有相同的财务状况，这对克服财务差异至关重要。另外，清楚自己什么时候比别人有优势——没错，确认这点——就意味着你能走对第一步。可能的情况是，总有人不如我们生活得那么惬意，如果我们努力意识到这点并且进行弥补，那么你和他人之间就会自然而然地展开对话。

在一段关系中，这种同理心的一个关键元素就是权力。谁在这段关系中拥有权力？谁拥有更多收入、更多财富、更多理财知识，更善于做决策？谁身边有强大的关系网为其提供理财建议或保障财务安全？谁掌握了金钱的秘密？不幸的是，许多女性都没有这些权力工具，除了在工作中赚得较少的钱之外，她们还常常在财务决策权方面处于明显劣势。所以她们有必要同承认这些差异并主动弥补这些差异的人在一起，因为他们把理财规划看作团队活动和对话，而不是认为“我主导，你跟随，因为你不懂”。

流行文化让我们误认为生活的画面应该是惬意的香槟加早午餐、持有黑卡的完美爱人、偶尔出现但会神奇地得到解决的财务问题，可惜真实的生活并非如此。如果我们想拥有一段令人满意且不断发展的关系，以及通往富足得意的成人生活的自由，我们就必须坦诚。我们要从自己以及身边的人做起，保持对各自需求和差异的坦诚，不能因为我们不予正视而让钱这种小事毁了一段关系。

钱的问题并不是什么大事，除非我们小题大做，但是逃避问题并期待它自行消失会引起大问题。财务问题就像是我们床下的怪兽：我们越不敢看它，就越觉得它可怕。

# 第 7 章

# 行　动

## 如何构建（并买下）幸福

允许自己改变主意，

从小事做起。

说到那些没用的“励志”言论，最危险的莫过于“追逐梦想”了。这句话就像一只大红气球，饱满漂亮，让人想想就开心。但它也正像气球一样，基本上空空如也，容易从手头溜走，空留你看着它越飘越远，只能拿着空的冰激凌蛋筒号啕大哭（因为你的冰激凌球也掉到了地上）。对于满怀抱负的年轻人来说，空洞的励志言论是最危险的东西，因为它们不仅让你感觉自己没发挥出自己的真正潜力，而且还让你觉得自己无能至极。

在品趣志[1]上——你会看到带有星巴克杯的图片上写着关于旅行的名言——是金子总会发光。如果你工作努力，如果你足够渴望某个东西，如果你坚持不懈地追逐自己的梦想，你就会成功。我们很多人在成长过程中并未受到过系统的宗教或者说信仰的影响，但是我们创造了这种以资本主义为中心的伪精神，一种狭隘的创造性的表达方式。这种精神理所当然地把那种宣扬商业大佬早晨4点起床，边骑车健身边回复邮件的文章看作真理。这种精神认可任何为追求事业所做出的人生选择，不论它们多么片面或者难以持续，人们依旧认为它们的本意是好的，因为那意味着你是在追逐自己的梦想。

德光米亚（Miya Tokumitsu）在《做你所爱》（*Do What You*

[1] 品趣志（Pinterest）是全球最大的图片社交分享网站。——译者注

*Love*）一书中写道：

> 用时间衡量热情的方式让人们一周的工作陷入恶性通货膨胀，在追求那种虚无缥缈的资本主义式个人主义的过程中，人们实际上是在耗费自己的生命，同时还在危及他人（这种影响有时候会以悲剧的形式突然出现）。
>
> 我们为何放任自己一直这样？按照《做你所爱》中的观念，如果工作的乐趣来自生产这一行动，那么工人们在不进行生产劳动或者生产效率低下的剩余时间内在做什么呢？为什么领薪水的工人会在工作完成之后或者不能进行有意义产出的时候，仍在办公室消磨时间呢，这只会让他们的长期产出更为低下呀？
>
> 答案明显和经济合理性没有丝毫关系，这完全是意识形态的问题。虽然我们可以用简单的Excel图表将工人们所谓的热情用毫无价值的客观或经验数据呈现出来，但事实上这种热情并不等同于工作时间，它也不需要工人们鞠躬尽瘁、死而后已。热情往往是隐藏在自我实现外衣下过度工作的一种伪装。

即便你的热情并不在工作上，一心一意地追求一件让你自我满足又充满意义的事情普遍都需要以财务自由为基础。几乎当今社会所宣扬的所有梦想——创意工作、创业、四处旅游、精致爱好——都要求你在拥有安全保障之余，有很大程度上的财务自由。为了追寻大多数的远大梦想，我们最起码需要一张安全网在我们坠落的时候接住我们——我们需要钱。

我们还需要时间来追求梦想，而且通常是工作之外的时间。不论你追求的是什么梦想，你都需要定位自己，允许自己冒一些小风险，而且对不同的人来说，这种风险的算法也大有不同。你的父母能够在财务方面给你帮助吗？你能和父母住一段时间吗？你的配偶或者伴侣是否能够供养你们两个人？你是否有沉重的学生贷款或者其他形式的债务？你是否有兼职工作，不至于因失业而被逐出公寓？

这些都是非常实际的问题，是那种伪励志的“追逐梦想”的故事所完全无法回答的。在这种品趣志版本的自由主义中，我们以为所有人都一样，人人拥有相同的能力，面对着相同的挫折，而且我们的成功或者失败完全决定于自己努力和懒惰的程度。我们假装“追逐个人梦想”这种话既能号召那些同时做两份兼职、背负 4 万美元债务的单亲妈妈，也能影响一边在普林斯顿大学上学、一边准备开发 App 的信托投资者。我们盲目地认为环游世界一是场说走就走的旅行，好像我们不必考虑那个只有特定人群才能负担的价签。我们通常只是对风险避而不谈，假装风险面前人人平等。钱从来都不是“追逐梦想”的绊脚石——这种狗屁不通、不切实际的想法会在实际数字被提出的一刹那不攻自破。追逐梦想要耗费大量的金钱，为什么大部分成功的企业家都是白人且家境优越？并不是因为他们充满激情、天赋异禀或者工作努力，而是因为他们的风险承受力胜过常人千倍。仅此而已。

那么，对于那些清晰地意识到逐梦需要经历千辛万苦且耗资巨大的人们来说，“追逐梦想”的版本应该是怎样的呢？在TFD，我们认为相比难以实现、令人受挫的“远大梦想”，“中等梦想”是完美的选择。我们认为人们不应该仅仅因为自己没有含着金汤匙出生就不敢尝试自己热爱的事情，不能认为自己无权拥有天马行空的想法。（在某种程度上）每个人都应该做自己热爱的事情，但要想在追求自己的热爱的同时还保持理性和财务健康，唯一的办法就是意识到追求梦想的过程中包含很多件小事——而且它们不需要你一蹴而就。

现实情况是，在某段时间内——即便并非很长的一段时间，许多人都不得不从事自己不喜欢的工作。对大多数人来说，“做自己喜欢的事情”是一个非常模糊的概念。它是什么意思呢？当然，如果可以的话，我们应该每天都做自己喜欢的事情，但完全称心如意的职业生涯无论如何都让人难以置信。于是，我们提出，如果我们要定一个中等梦想，我们就得放弃那种从一件事情中获得所得成就感的模糊想法。我们必须把目标切分为小的、可以掌控的步骤，不再把所有的情感鸡蛋放到一只篮子里。如果我们能热爱自己的工作，那固然很好。但我们也需要珍惜自己的朋友、家人、重要的关系、爱好以及能够阅读或看电视的独处时间。我们应当尽量让自己的成就丰富起来，而不是期待一件事情，那件一旦实现就会让我们突然感觉人生无憾的事，即便那是我们的终极梦想。

我们提倡拥有中等梦想，并不仅仅因为它让追求个人目标更加容易，还因为它将追逐目标的过程切分为小步骤，在达成目标的过程中设立足够多的小目标，以至于你无暇为了那个还未实现的大目标而忧心忡忡。设立中等梦想还允许你同时追逐多个梦想，将成功的定义分为许多单独的成分，让你拥有多种成就和幸福的来源，并且更多地用自由而非金钱来衡量你的财富。

通过 TFD 我们还发现，人们迈出追梦第一步的很大动因是他们意识到已经有人达成了那个目标——而且那些人生来并没有什么与众不同。我的朋友阿基拉·休斯（Akilah Hughes）就体现了这种观点，她把自己创造性的职业生涯打造得丰富多彩——胜于我认识的任何人。不论从哪个标准来看，她在自己的电影制片领域和写作生涯上都取得了巨大的成功，而且完全可以轻松地吃老本——可是我每次见到她的时候，她都在尝试不同的事情，不断检验自己的能力。与身边的人不同，她经济上出身卑微，没有从事自己理想事业的捷径，也没有人帮她牵线搭桥找实习工作（白做都不行）或通过谈话给她一些指导。

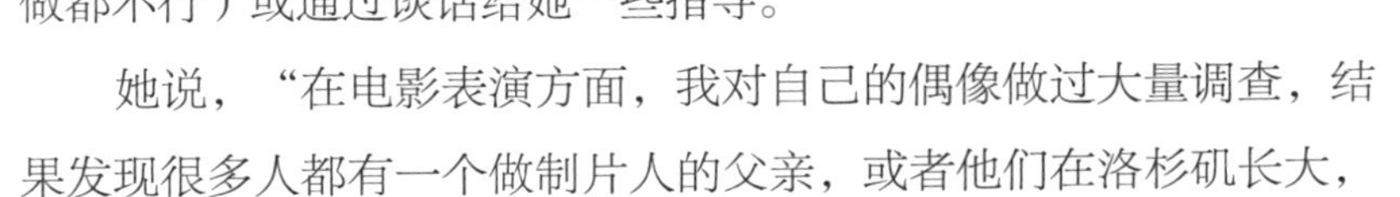

她说，“在电影表演方面，我对自己的偶像做过大量调查，结果发现很多人都有一个做制片人的父亲，或者他们在洛杉矶长大，

有着源源不断的人脉。你拥有的资源会给你带来非常多的好处。于是，我不得不放弃那种认为所有人都是从零开始而且面对着同样挫折的想法——因为事实并非如此。我没有他们所拥有的捷径，但我仍然可以做到。”

“有时候，你必须认识到自己可以成为那个从事你理想工作的人，而且客观来说，他们很多人做得并不怎么样。你可以告诉自己‘我知道自己能够做好这件事，因为我比很多从业者都好。我只是还没有处在对的地方，没有遇见对的人’，你要接受这种说法，它没有什么坏处，这是一种自我保护。”

“我值得一试”这句话或许是我们迎战不公平世道的最大武器。清楚如何弥补自己在人生起跑线上的劣势，相信自己有权参与比赛，是我们都必须习惯的事情。从阿基拉成年的第一天起，她就只能拼命工作来支持并追求自己所热爱的事情。“我甚至没觉得这有什么问题，”她说，“我只是一直明白：为了达到目标，你就必须努力工作。”

我们都得工作。如果你正在读这本书，那么你可能也不是什么戴着雷朋太阳镜[1]、只关心在游艇上自拍时选哪个角度好看的信托投资人。我们必须得工作，达成梦想需要进行大量的规划。虽然在财务上冒险可能还挺刺激好玩的，但如果你为了支付房租，在谷歌搜索“卖器官在（此处填入你所在的地区）合法吗？”，这种乐趣就会荡然无存。

除非你非常幸运，否则达成梦想绝不会像童话故事那样顺

[1] 雷朋太阳镜：世界领先的太阳镜品牌。——编者注

利——你的故事可能会一塌糊涂，而且结果永远不会和你的期待完全一致，但故事的主线都是一样的：未雨绸缪，更加努力，以及不要孤注一掷。在达成目标的过程中，我们没有包罗万象的完美指导书，但有一些可以遵守的基本原则。

## 幸福的入门工具

#1.

确定你对自己每天生活情形的期望：你希望每天在什么时段工作？你想拥有怎样的爱好？你对什么样的职业路径感兴趣？你的财务目标是什么？感情目标呢？

#2.

不论你的目标和梦想多么宏大，把它们拆分为几个小梦想，然后一一攻破（并庆祝每次的小胜利）。

#3.

确定你想尝试或者做出改变的地方，并准备一张安全网。

#4.

建立一个详尽周全的预算以及年度财务计划，既要考虑日常花销，也要考虑你的长期财务目标。

通过运营 TFD 以及和许多专家交流，我得出了一套自认为合理可行的“逐梦”剧本，供输不起的人们参考。下面就是给你的幸福入门工具，你可以根据自身的情况进行组合。

#5.

至少提前一年对可能出现的风险和变化进行规划：搬到新城市、换个全新的职业等都需要在财务和后勤保障方面深思熟虑和认真规划。

#6.

一旦确立了年度计划，就可以将它分解为月度计划，再细分为可执行的事项和小目标。

#7.

你拥有改变主意的自由——如果你觉得环球旅行或者油画和自己想的不一样，就不要让它们限制你。如果遇到了前所未有的好机会，你完全可以抓住它。你需要根据实际生活调整计划。

#8.

不论生活中的波动性有多强，你都要尽量地坚持预算——如果你的生活方式不利于攒钱，你最好做出改变。

#9.

谨记你完全可以尝试自己想做的事情，不要因为背景一般或者缺乏经验就害怕尝试。

#10.

业余爱好可能会成为你的人生追求（让你感到骄傲）。

#11.

接受你所处阶层带给你的优势或者阻碍。

#12.

坚持从事至少一项副业，增加收入来源并丰富技能组合——把职业路径看成是格子，而不是梯子。

13.

学会自己动手，居家生活可以成为满足感的主要来源，并为你节省一笔可观的费用：自己做饭、自己组装家具，这类事情可以并且应该被纳入你的“能做、想做、值得做的事情”清单。

#14.

在所有关系中，对财问题保持诚实谨慎——相互享你们的梦想，帮助对方搞楚如何通过实际的方式达成想。

#15.

你不可能每次都如愿以偿，那些你以为能让自己快乐的东西可能会让你感到无聊至极。学着让自己的生活丰富多彩、充满乐趣，这样的话，某一次失望（不论是在职场上，还是在其他方面）就不会让你感到严重受挫。

#16.

量入为出，脚踏实地。你的人生可能已经相当精彩，但即便是最为辉煌的人生也会因为贪心不足或者奢侈浪费而变得暗淡无光。

#17.

最重要的一点——要善待自己。

**遵循“四”原则（Rule of Four）：你的生活中至少得有四件事情，可以让你拥有多样化的幸福来源，它们和你的工作一样重要、关键和有意义。**

这些原则并不保证你能过上自己想要的生活，但它们可以像积木一样帮你一步步到达那里。我之前说过，金钱不能买来幸福，但它能给你买来一套搭建幸福的乐高（Lego）装备。它能给你带来舒适、安全以及选择权，即便你仍需要在上面搭建自己的幸福。这些原则就是以此为基础的延伸——它们为你的空白人生画板提供了最贴切的内容。

在过去几年中，我渐渐明白与钱为善是一种长期的良好关系。除了那些嘈杂混乱的人生起伏，还有一种更为平静持续的幸福让你可以规划未来，感到安全舒适，并真正搞清楚自己的人生目标。我学会了用对待最珍贵关系的方式对待金钱——原谅人为的错误，设立小目标，庆祝这一过程中的每个里程碑。在面对金钱问题时，我不再“做梦”，想象着未来的自己会神奇地搞定一切，最终会发家致富并对如何分配财务一清二楚。我知道那个“未来的我”需要“现在的我”来打造，为之付出，为其规划并不断调整。在财务方面，我的目标适中，因为我知道什么样的目标比较现实，什么样的行为对我这种并不完美的人来说比较实际。我也知道财运亨通只是更大目标的一部分而已，我不能指望它解决问题或者让我变得更加完美。

在这方面对我触动最大的是汉克·格林（Hank Green），他非常支持平衡个人生活的观点，认为人们应该在钱的帮助下做更多自己喜欢的事情，而不应该孤注一掷，把个人的成就建立在一件事情上。汉克不仅是TFD的第一批粉丝（以及合伙人！），他还是传统意义上的互联网成功人士——他为成百上千万的订阅者制作视频，组织并宣传大型创意活动——不过，我第一次在纽约见到他本人时，他刚从优衣库（Uniqlo）回来，并兴奋地告诉我他在那儿买了一件冬天穿的夹克。他完全有实力到第五大道（Fifth Avenue）的任何一家奢侈店购物，但他却满足于适度需求，把钱花在其他更有价值的事情上。

更重要的是，汉克获得现在这样令人瞩目的成功并非一帆风顺。我承认（说起来有些惭愧）我第一次听说他的时候，还以为他一定背景很好。我觉得任何在创意方面取得成功的人一定有天使投资人的支持，或者家里有阔绰的亲戚决定“嘿，我家孩子干的这事太牛了，我要给他投资”。对于许多媒体创业者来说，事实确实如此，但在了解了汉克的成功之路后，我发现自己的猜测并不公平，而且了解一个人的真实故事总能让你有所收获，这比盲目猜测强多了。

汉克追求个人梦想时所采用的方式对我们大多数人来说都有借鉴意义，而且他慷慨地分享了自己运用有限资金、抓住重要想法和找到幸福的方法。我们来看看汉克是怎么说的。

# 汉克·格林

Hank Green

**视频制作者，Complexly[1]、DFTBA[2] 以及 VidCon[3] 的联合创始人**

你可能觉得我一直在做互联网方面的工作，但我起初辞职并没想成为一名网络博主——我辞职是因为要和女朋友搬到蒙大拿州。刚到这里时，我的目标就是找到一份工作，但进展并不顺利。所以，我在前几个月做了五六份兼职才能维持生活。不过，这里的生活成本相当低。房租大概是 500 美元一个月，而且我生活得非常简单，总是留有少量备用金——所以当传统工作并不明朗，我没有“正经”事情做的时候，还可以弄弄自己的博客。起初，我每月大概就赚 20 美元，但我在研究生院的时候就开始写博客，而且享受这个过程胜过在乎它能带来的收入——我只是把它当成课堂项目来做。不过几年

[1] Complexly（复杂公司）是一家视频制作公司，由汉克·格林与其兄弟约翰·格林（John Green）联合创立。——编者注

[2] DFTBA 全写为 Don't Forget to Be Awesome，即“别忘了你很棒”，是网络用语。DFTBA Records 是一家电子商务商品公司，也是由格林兄弟创立。——编者注

[3] VidCon（视频产业公议）是一种多体裁在线视频会议，也是由格林兄弟开创。——编者注

后，尤其是当《难以忽视的真相》[1]播出之后，人们开始关注我办的这种环境类的网站，我得以一心扑在博客上。通过这个博客和其他一些创意性的自由工作，我在 2007 年赚了 17 000 美元。这一数额可以维持我的生计，而且它从那时起不断增加——但这还有赖于我简约的生活方式，否则这一切都不太可能实现。所以我确保自己的财务状况可控，也关注真正吸引我的事情，而不是去刻意模仿某个偶像的特定路径。我觉得那往往是个巨大的陷阱，比如“我想像蒂娜·菲[2]一样，我要努力跟随她的脚步”。这种规划个人生涯的方式问题重重，因为每个人的生涯都各不相同，而当今的世界又是瞬息万变。你可以使用别人所拥有的工具，借鉴他们所积累的经验，但你不应该照搬他们所走的路，因为情况永远不可能一模一样。有些事情适用于他们，但不一定适合你。我个人的做法是，如果不能从某件事情上有所收获，或者不能在这件事上找到成功必备的某些因素，就直接放弃——即便我心里非常想做这件事。我只是继续向前看。因为你不能依赖任何一个想法或者路径——我的收件箱里就有很多废弃的点子。我还曾因为某些词是双关语就注册过无数个相应的域名。

务实地面对个人目标以及它们能给你带来的东西是一种成熟的表现。你要知道“神奇的”事情并不神奇，事在人为，而人又是由经验和观念构成的，这些东西有好有坏，而且很复杂。随着年龄的增长，你会对那些你当前觉得平淡无奇的事情感兴趣。你会发现，这对年轻人来

[1] 《难以忽视的真相》（*An Inconvenient Truth*）是 2006 年上映的一部有关气候变迁的纪录片，有同名书籍。——编者注

[2] 蒂娜·菲（Tina Fey）是美国编剧、笑星、演员，曾获金球奖和艾美奖。——译者注

说更不容易，因为只要你认为某件事情没什么特别之处，你就会觉得它乏味无趣。其实，那些人人都拥有的“平凡”梦想也有其非凡的价值，而且值得你为之努力拼搏。

当今社会常常谈论年轻人如何为了实现梦想而努力工作，说我们为了获得职业成功而每周工作 80 个小时。不过，我觉得没有谁比一个刚当妈妈的人更努力了，相较之下，她的付出和热情只多不少——我们只是不那么说而已。但这背后的驱动力是一样的，只是表达方式不同，后者更为含蓄。我承认面对同样的事情，5 年或 10 年前我会“不敢相信这种事情发生在了我身上！我要在屋子跑来跑去，大声把这件事情昭告天下！”，现在我则会考虑“自己是否想做这件事”，觉得那件事并没什么。

这种改变对我来说是一个过程：意识到并非所有事情都得轰轰烈烈，这是一个漫长的过程。我认为这种接受过程就像结婚一样。我永远都不可能再有和妻子初次相爱时的感觉。我们永远不会再次感受到那种感情的交融，但我们现在体会着完全不同的感觉，一种更加强烈、更加安全、充实丰富、妙不可言的感觉。我不会用任何东西交换这种感觉。

“我个人的做法是，如果不能从某件事情上有所收获，或者不能在这件事上找到成功必备的某些因素，就直接放弃——即便我心里非常想做这件事。我只是继续向前看。因为你不能依赖任何一个想法或者路径——我的收件箱里就有很多废弃的点子。我还曾因为某些词是双关语就注册了无数个相应的域名。”

请你扪心自问，自己真正希望从生活中得到的是什么——除了那些“宏大”的目标，你还希望自己每天过成什么样子，你希望自己正在从事什么事情。问问自己，你想去什么地方，想烹饪出什么食物，想住在什么地方，想和什么人住在一起。想想你需要什么来维持自己的安全感和舒适感，需要什么来维持真正的独立。诚实地回答这些问题，并考虑如何通过金钱工具帮自己达到目的。不要把钱看成你应该囤起来的财富，而要把它看作带给你保障、促使你前进的力量。要知道你将会拥有上百万种不同的爱好、欲望和梦想，是否能够明智用钱会让你的生活截然不同——或是实现个人梦想，或是无力追寻梦想。

定一个中等目标，准备一个任务清单，记得大量喝水。这就是我们应该做的“理财瘦身”。

# 术语表

**债券（bond）**

一种债务形式；需要偿还（一般带有利息）的借款。债务证券承诺首先偿还债权人的债务，因而债务证券的风险较小且比股票稳定。为了换取这种优待，债权人通常会接受相对较低但更为稳定的回报。

**中介（broker）**

中介充当房地产 / 不动产买卖双方的中间人。他们的工作是寻找有意出售物业的卖家和有兴趣购置物业的买家。

**经纪人（broker）**

在金融领域，经纪人是代表客户在证券交易所买卖证券的人。

**信用评分（credit score）**

一个介于 300 和 850 之间的数值，能代表你的信誉以及你在财务方面的可信赖度。

**日间交易（day trading）**

在同一天内买卖金融工具的行为。

**减免（deductible）**

税收减免是指对纳税人基于总收入的税收义务进行减免。

**多元化（diversification）**

一种风险管理策略，旨在通过囊括大量不同领域的投资项目来降低投资组合的波动性。多元化能够降低单一公司或行业的表现不佳或任何一个地区的业绩下滑对你的投资组合价值造成的不良影响和风险，例如同时投资科技公司、银行和公用事业。

**首付（down payment）**

在住房抵押贷款方面，这是你在贷款时进行的第一笔付款。大多数抵押放贷者要求至少 3%、最高 20% 左右的首付。

**应急基金（emergency fund）**

单独放置的一部分资金，以便在紧急情况下使用——例如用于紧急医疗或者失业时。

**交易型开放式指数基金（ETF）**

一种追踪股票或债券指数或者商品价值的投资基金。与积极管理的基金不同，ETF 采取被动投资策略且基金中证券交易额低，因而费用通常较低。

**联邦住房管理局贷款（FHA loan）**

由联邦住房管理局承保的抵押贷款，包含由借款人支付的抵押贷款保险，用于在借款人还款失败的情况下保护放贷者。这类贷款一般允许以较低的首付获得抵押贷款。

**财政（fiscal）**

与政府收入或税收相关。

**理财顾问（financial adviser）**

为客户提供理财建议或指导的人。他们通常持有专业理财顾问的执业资格。

**担保人（guarantor）**

在房产租赁方面，租赁担保人是在租赁协议内提供附加担保的第三方。租赁担保人需要在合同上签名并同意在承租人无法支付租金的时候代为支付。

**（征信）硬查询 [hard（credit）inquiry]**

硬查询是指当你申请了某种信贷之后，你的信用历史会被调出并审核——硬查询次数过多会影响你的信用评分。

### 对冲基金（hedge fund）

对冲基金公司将合格个体的联合基金用于投资，并且采用各种高风险策略为投资者创造积极的回报。

### 指数基金（index fund）

一种互惠基金，可构建投资组合以匹配或追踪某一市场指数的成分股。

### 投资（investment）

为了获得收益或资金增值而购买的东西。

### 投资回报（investment return）

投资获得的利润，包括所有收入和资本收益。

### 流动性（liquidity）

投资者快速购买或出售资产而不对价格造成实质性影响的程度。流动性市场的特点是活跃度高。

### 住房抵押贷款（mortgage）

简单来说，住房抵押贷款是购置房产所使用的贷款。该贷款为人们提供购置房产的资金，而贷款由房产担保。银行或其他债权人为债务人提供贷款以换取债务人房产的所有权，当债务人全部偿清贷款后房产所有权将归还债务人。

**共同基金（mutual fund）**

一种由专业理财经理管理的投资基金，理财经理根据基金的目标和策略将基金资金投资于多元化的投资组合。通过共同基金，投资者享受到用少量资金难以构建的多元化的资产组合，并且从专业的管理中受益。

**物业税（property tax）**

物业税是对物业征收的税款，由物业的价值决定并由当地政府设定。

**承租人保险（renter's insurance）**

一项保险政策，用于保护租赁特定房产的承租人的部分资产和活动。

**72 法则（Rule of 72）**

一个确定投资翻倍所需时间的简单规则。只需用你的年复利率除以 72 即可。（请记住，5% 的比率应表示为 5，而不是 0.05）。

**储蓄（savings）**

储蓄是将钱存起来，用于未来某个事项。

### 副业（side hustle）

为了增加收入或强化个人技能而在日常工作之外所做的有偿工作。

### 股票（stock）

股票代表在一家公司的所有权利益，是在所有债务结算后向股东提供的股权价值。股票为投资者提供增值机会，随着公司利润增加，投资者会获得更有价值的所有权股份。但股权比债务的风险更高，如果公司的表现低于预期，投资者则将面临投资价值降低的风险，甚至会因公司破产导致股份尽失。

### 波动性（volatility）

衡量股票或其他证券的价值随时间波动的程度。波动性较高的证券风险较高，但通常也会带来较大的收益（或亏损）。较为稳定的股票更不可能提供丰厚的回报。

### 财产税（property taxes）

对某一财产（通常为房地产）的价值所征收的税款。

# 致 谢

感谢我们各自的父母——吉姆（Jim）、富勒、马克（Mark）和凯伦（Karen），他们在整本书的创作过程中给予了我们巨大的支持和鼓励。感谢莉比（Libby）这位热情周到、才华横溢的编辑，感谢安东尼（Anthony）为我们树立了行业倡导者和朋友的完美榜样，同时感谢亨利·霍尔特出版公司（Henry Holt and Company）团队对我们这本书的信心。

最后，感谢 TFD 团队——谢谢霍利（Holly）为我们网站提供源源不断的积极支持，感谢安妮（Annie）总是从大局着想，感谢玛丽（Mary）提醒我们时刻保持求知欲和好奇心。

我们爱大家。